BEOBACHTUNGEN UND ERFAHRUNGEN AUS DEM GARTENJAHR

GARTENTAGEBUCH

BAND 2

LandLust

Die Autorin Renate Tegtmeyer ist Journalistin und hat die Faszination Garten in ihren eigenen Beeten entdeckt.
Dr. Christa Huchzermeyer hat fachlich beraten. Sie ist Ärztin und seit ihrer Kindheit damit beschäftigt, Pflanzen zu ziehen und zu pflegen.

Die Gartenliebhaberinnen Renate Tegtmeyer (links) und Dr. Christa Huchzermeyer (rechts) berichten aus ihrem Gartenjahr.

ZU DIESEM BUCH

Nach dem Erfolg des ersten Gartentagebuches haben die versierten Gärtnerinnen Renate Tegtmeyer und Dr. Christa Huchzermeyer für die Zeitschrift Landlust in einer zweiten Serie ihre Erfahrung und ihr Praxiswissen zusammengetragen.

Daraus ist ein zweiter Geschenkband entstanden, der Monat für Monat Tipps für die Gestaltung, die Pflege und für den Genuss des Gartens enthält. Ein inspirierender und nützlicher Ratgeber für Gartenliebhaber und für jene, die es noch werden möchten. Wir wünschen viel Freude bei der Lektüre.

Die Landlust-Redaktion

DER GARTEN IM …

*„Jetzt, wo der Garten
im Schnee versinkt,
erinnert sich der Gärtner
plötzlich, dass er eines
vergessen hatte:
den Garten anzusehen."*

Karel Čapek (1890–1938)

Der Garten im Januar

Im Januar pflegt der Gärtner vorwiegend: das Wetter. Karel Čapek, der Gärtner aus Leidenschaft, hat das geschrieben, und wer wollte ihm widersprechen? Wetter beschäftigt alle immer, im Januar aber ist das Wetter ein Aufregerthema. Ist es zu warm, könnten die Pflanzen zu früh austreiben. Ist es zu nass oder zu trocken, könnten sich die im Herbst gepflanzten Schätzchen nicht richtig entwickeln. Fällt zu viel Schnee, brechen womöglich Bäume und Sträucher unter der Last. Gibt es keinen Schnee, könnte ein später Kahlfrost verheißungsvolle Triebe dahinraffen.

Strukturen im Garten

Der Januar fordert den Gärtner zweifach heraus. Einmal hat er draußen nicht besonders viel zu tun; sein Garten ruht und will eigentlich ungestört sein. Zweitens zeigt der Blick aus dem Fenster Beete, von denen kaum zu glauben ist, dass dort demnächst alles grünt und blüht. Beides ist bester Nährboden für große Sorgen über die Wetterlage. Schließlich soll der Garten schon jetzt im Januar beste Voraussetzungen dafür haben, dass der Frühling fabelhaft, der Sommer prächtig und der Herbst leuchtend wird. Es gibt Mittel gegen übergroße Wettersorgen im Januar (die im Übrigen sowieso nutzlos sind). Der Garten im Winter zeigt sein Skelett, seine Strukturen und damit auch das, was ein paar Wochen später kaum noch zu erkennen ist. Beeteinfassungen, Pergolen, aus dem Leim gehende Wegbegren-

„Alljährlich pflegen wir zu sagen,
dass die Natur ihren Winterschlaf antrete …
Du lieber Gott, und das soll Schlaf sein? …
Eher möchte man sagen, die Natur habe
aufgehört, nach oben zu wachsen,
weil sie keine Zeit dafür hat.
Sie krempelt sich nämlich die Ärmel auf
und wächst nach unten …"

Karel Čapek (1890–1938)

zungen, Mäuerchen, Sitzplätze – jetzt kann inspiziert werden, ob alles in Ordnung ist, ob nachgebessert oder sogar neu angelegt werden sollte. Jetzt ist zu sehen, ob Sträucher zurückgesetzt, verkleinert oder „auf den Stock" gesetzt, also wieder einmal ganz heruntergeschnitten, werden oder ob Bäume von ein paar zu großen Ästen befreit werden sollten, damit das Beet davor genug Licht bekommt.

Lesezeit

Ist das Wetter so, dass man keinen Hund und auch keinen Gärtner vor die Tür jagen möchte, gibt es noch die Möglichkeit, sich zu vergewissern, dass demnächst bestimmt alles besser wird. Das geht prima mit der Sammlung von Gartenbüchern und -zeitschriften, die jetzt hervorgeholt wird. Die vielen schönen Fotos von Beeten und Gärten beweisen: Es geht auch anders. Irgendwann wird es grün und schön. Auch im eigenen Garten.

Bestandsaufnahme

Wer das nach einem Blick aus dem Fenster nicht richtig glauben kann, könnte sich jetzt den Pflanzenplan heraussuchen, der im Laufe des Jahres angelegt wurde. Hier ist all das dokumentiert, was im Garten darauf wartet, demnächst durchzustarten, auch wenn es jetzt kaum zu sehen ist. Dieser Plan hilft bei unerwarteten Austrieben, die

Neuerwerbung aus dem letzten Jahr zu identifizieren. Er hilft, sich an Farben, Höhen, Wuchs der Pflanzen zu erinnern und Fehlplanungen zu vermeiden. Und er hilft, neben den deutschen auch die botanischen Namen der eigenen Pflanzen kennenzulernen.
Wer einen solchen Plan noch nicht angelegt hat: Jetzt ist eine gute Zeit, ihn vorzubereiten und die Kategorien zu überlegen. Zuerst der Standort: Dazu müssen die Beete eine Bezeichnung haben. Hier ist Kreativität gefordert: Vom „Halbschattenbeet vor der Hecke" bis zu „Ottos blaue Sehnsucht" ist alles möglich. Hauptsache, der Gärtner weiß, um welche Fläche es sich handelt. Nach Beeten geordnet können dann die Pflanzen eingetragen werden, nach Gattung, Art und Sorte. Weitere Spalten für Blütenfarbe, Blütezeit und Höhe helfen, die Pflanzen das ganze Jahr hindurch im Blick zu behalten. Jetzt kann das Gartenjahr kommen: Alle Beobachtungen, Entwicklungen und Neuerwerbungen finden hier ihren Platz, helfen bei der Gartengestaltung und trösten im nächsten Winter.

Gefährliches Grün

Der Januar beschert uns auch Tage, an denen uns der Frühling auf den Pelz rückt. Zweistellige Wärmegrade und Vogelgezwitscher locken nach draußen; beste Voraussetzung, überall mal nach dem Rechten zu sehen. Vorher aber Gartenhandschuhe anziehen und nach Eimer und Handgerät zum Jäten greifen. Denn der genaue Blick auf die Beete und Flächen zeigt: Hier wächst etwas. Saftig und grün. Das, was der Gärtner nicht liebt. Vor allem das gefürchtete Gartenschaumkraut Cardamine hirsuta, das feuchtes Wetter und milde Winter liebt. Es ist überall auf dem Vormarsch und hat die unangenehme Eigenschaft, zugleich zu blühen und zu fruchten und den Gärtner mit rasanter Verbreitung atemlos zu machen. Im Winter geht das nicht ganz so schnell wie einige Wochen später, in der Wachstumsphase der Pflanzen. Deshalb lohnt es sich, jetzt sorgfältig zu jäten –

und das Kraut anschließend in der Mülltonne, nicht auf dem Kompost zu entsorgen. Das Gleiche gilt für die winzige Einjährige Rispe Poa annua, die gerne in den Fugenritzen von gepflasterten Flächen wächst: gleich mit rausziehen. Übrigens ist das Jäten jetzt verhältnismäßig einfach: Die Pflanzen sind im Januar auf der braunen Fläche gut zu sehen und können sich nicht unter Blättern verstecken.

Überraschendes im Beet

In warmen Wintern, wie wir sie jetzt öfter mal haben, ist aber auch Grün in den Beeten zu sehen, das einen zweiten Blick lohnt. Manche Pflanzen, die wir als Ein- oder Zweijährige kennen, haben ein durchaus längeres Durchhaltevermögen. Oft sind es Stauden, die sehr begrenzt winterhart sind. Es ist gut, sich vor dem „Unkrautgriff" zu vergewissern, ob hier vielleicht ein Löwenmäulchen überlebt hat. Auch Husarenknöpfchen, Patagonisches Eisenkraut oder Goldlack können noch einmal aus dem alten Bestand durchstarten.

Hartriegel-Liebhaber sollten jetzt zur Astschere greifen. Die vielen Sorten mit Rindenfarben von Gelbgrün bis Korallenrot sind jetzt im Januar ganz ohne Laub ein Hingucker. Allerdings ist nur das junge Holz so spektakulär farbig, deshalb jetzt das braune, alte Holz aus den Sträuchern herausschneiden.
Praktischer Tipp: Wenn es leichten Bodenfrost gegeben hat, lässt sich das abgefallene Laub der Rosen gut aufsammeln, mit einem kleinen Fächerbesen oder per Hand. Rosen behalten unterschiedlich lange ihr Laub, manche Sorten bis zum Frühjahr, wenn der Winter warm ist. Das abgefallene Laub ist idealer Nährboden für Pilzsporen aller Art. Deshalb ist es gut, die abgefallenen Blätter zu entfernen und in der Mülltonne – nicht auf dem Kompost – zu entsorgen. Das hilft, den gefürchteten Pilzkrankheiten bei Rosen vorzubeugen.

„In jedem Winter steckt ein zitternder Frühling, und hinter dem Schleier jeder Nacht verbirgt sich ein lächelnder Morgen." Khalil Gibran (1883–1931)

Winterliche Gartenbewohner

Vögel besuchen die Futterhäuschen, Meisen turnen an Körnerballen, das Eichhörnchen flitzt die Bäume empor und die Tauben haben mal wieder ihren Schlafplatz in der Schwarzkiefer eingerichtet – zum Missfallen des Gärtners direkt über der Lieblingsbank. Der Garten lebt, auch im Januar. Mit und in ihm die Wühlmäuse. Es gibt Gartentipps für den Winter, wie sie jetzt besonders leicht zu fangen sind. Wer es ausprobiert hat, weiß, dass uns die Tiere auch im Winter an Raffinesse überlegen sind. Da ist vielleicht ein Hinweis aus der Forschung tröstlich. Sie berichtet vom regelmäßigen Anstieg der Wühlmaus-Populationsdichte, nicht selten bis zu mehr als 1 000 Tiere pro Hektar. Solche Höhepunkte treten im Abstand von fünf bis acht Jahren auf, meist nach sechs Jahren. Nach einer solchen beängstigenden Massenvermehrung bricht die Population regelmäßig zusammen und braucht einige Jahre, um wieder ein mittleres Niveau zu erreichen. Vielleicht haben wir in diesem Jahr ja mal ein bisschen Ruhe vor den dicken, schlauen Mäusen mit den großen Zähnen?

FARBEN IM JANUAR-GARTEN

Der Januar stellt die Seiten eines Gartens in den Vordergrund, die im Sommer in den Hintergrund treten. Zum Beispiel Sträucher und Bäume: Sie geben Struktur, sie zeigen unterschiedliche Formen – und sie leuchten jetzt mit spektakulären Rindenfarben. Ob der Rote Hartriegel, die Schnee-Birke oder der Zimt-Ahorn: Jetzt sind sie ein Hingucker. Wer solche Schönheiten im Garten haben möchte, sollte bei der Standortsuche auch an den winterlichen Blick aus dem Fenster denken.

EINE AUSWAHL VON STRÄUCHERN UND BÄUMEN, DIE DURCH IHRE RINDE AUFFALLEN:

ZIMT-AHORN
Acer griseum,
rotbraune Rinde,
6–10 Meter hoch

SCHLANGENHAUT-AHORN
Acer capillipes,
weiß gestreifte Rinde,
7–9 Meter hoch

ROSTBART-AHORN
Acer rufinerve,
weiß gestreifte Rinde,
6–8 Meter hoch

BROMBEERE
Rubus biflorus
oder *leucodermis*,
weiß bereifte Zweige,
bis 3 Meter hoch

SIBIRISCHER HARTRIEGEL
Cornus alba 'Sibirica',
korallenrote Zweige,
bis 3 Meter hoch

SCHWARZHOLZ-HARTRIEGEL
Cornus alba 'Kesselringii',
schwarzbraune Zweige,
bis 4 Meter hoch

ROTER HARTRIEGEL
Cornus sanguinea
'Winter Beauty', orangerote
Zweige, bis 6 Meter hoch

GELBHOLZ-HARTRIEGEL
Cornus stolonifera
'Flaviramea', gelbgrüne
Zweige, bis 3 Meter hoch

Notizen und Termine im

Januar

1 ______________________

2 ______________________

3 ______________________

4 ______________________

5 ______________________

6 ______________________

7 ______________________

8 ______________________

9 ______________________

10 ______________________

11 ______________________

12 ______________________

13 ______________________

14 ______________________

15 ______________________

16 ______________________

17 ______________________

18 ______________________

19 ______________________

20 ______________________

21 ______________________

22 ______________________

23 ______________________

24 ______________________

25 ______________________

26 ______________________

27 ______________________

28 ______________________

29 ______________________

30 ______________________

31 ______________________

„Wenn ihr genauer hinschaut – ihr müsst dabei den Atem anhalten –, dann gewahrt ihr fast überall Knospen und Triebe; durch tausend zarte Äderchen pulsiert Leben aus der Erde empor."

Karel Čapek (1890–1938)

Der Garten im Februar

Im Februar sucht der Gärtner nach den ersten Anzeichen des Frühlings. Wie sieht's mit den Krokussen aus? Fangen die Schneeglöckchen gerade an oder sind sie schon in Blüte? Treiben die Rosen aus, sodass man sich sorgen muss, falls es starke Fröste gibt? Und nicht zuletzt: Gibt es in den Samen- und Pflanzenkatalogen, die sich jetzt im Briefkasten finden, vielversprechende Neuheiten und Raritäten? Beim Gang durch den schneefreien Februargarten – blau-lila von den ganz frühen Elfen-Krokussen, grün von den gerade austreibenden Blättern des Scharbockskrauts und gelb von Winterlingen – geht dem Gärtner das Herz auf. Egal, wie kalt oder warm der Winter ist: Es sind die kleinen Anzeichen und Blüten, der Beginn, der Neuanfang, der den Februar besonders macht.
Es ist gut, das nicht zu vergessen und hin und wieder einen staunenden Blick auf die winzigen Schönheiten zu werfen. Denn auch das ist im Februar angesagt: Handfeste Arbeit, die ins Schwitzen bringt, auch wenn die Sonne das noch nicht schafft.

Zeit zum Schneiden

Jetzt ist Zeit, die Beete aufzuräumen und erste Unkräuter zu jäten. Samenstände von Stauden, die im Winter auf Schneekronen gewartet haben, werden abgeschnitten. Ebenso die Gräser: Sie werden so weit heruntergeschnitten, dass der frische Neuaustrieb nicht verletzt wird. Manche Ziergräser lassen sich auch einfach ausraufen und so von den

„Der Winter ist keine Jahreszeit, sondern eine Aufgabe."

Sinclair Lewis (1885–1951)

alten Halmen befreien. Von den Christ- und Lenzrosen Helleborus schneidet man die alten Blätter ab; das fördert den Neuaustrieb und verhindert Brutplätze für Schnecken und Pilze.

Beim Arbeiten empfiehlt es sich, das Gejätete und Abgeschnittene zu trennen. Unerwünschtes wie das Garten-Schaumkraut Cardamine hirsuta oder von Pilzkrankheiten befallenes Laub von Rosen und Helleborus sollten in der Biotonne entsorgt werden. Alles andere kann auf den Kompost. Die abgeschnittenen Gräser, klein geschnitten, sind im gesäuberten Beet hilfreich, wenn sie als grober Mulch darin verstreut werden. Das unterdrückt das Wachstum von Unkraut, und wenn doch etwas durchkommt, lässt es sich leicht herausziehen. Außerdem schützt es den Boden vor dem Austrocknen oder Verschlämmen.

Geschnitten werden kann jetzt auch die Elfenblume Epimedium, um Platz für den neuen Austrieb zu schaffen. Zwar bedeckt das Laub gerade jetzt die winterlichen Beete so schön, aber bald wird es unansehnlich. Wer später schneidet, läuft Gefahr, aus Versehen die frischen Austriebe von Blättern und Blüten mit dem alten Laub abzuschneiden.

Radikal an den Blauregen

Auch der im Sommer blühende Schmetterlingsstrauch oder Sommerflieder Buddleja kann jetzt geschnitten werden – allerdings nur, wenn Fasson gefragt ist. Wo genug Platz ist, kann man ihn einfach wachsen lassen, er blüht trotzdem. Nach lang anhaltenden, starken Frösten werden die erfrorenen Zweige ausgeschnitten.
Blauregen Wisteria braucht jetzt unbedingt einen radikalen Schnitt: Die Triebe sollten auf zwei bis drei dicke Blütenknospen eingekürzt werden. Dann blüht Blauregen im Mai reichlich blau oder auch weiß, je nach Sorte.

Auf die Beete

Ob Gras- und Staudenschnitt oder der gehäckselte Strauchschnitt – alles kann auf die Beete oder auf den Kompost. Der letztjährige Kompost wird in Maßen verteilt, nicht mehr als fünf bis zehn Liter pro Quadratmeter. Dieser geschlossene Kreislauf sorgt für ausreichende und gute Nahrung und gesunde Pflanzen. Zusätzlicher Dünger ist nur bei Prachtstauden wie Rittersporn, Sonnenbraut oder Phlox sowie bei Rosen und Clematis sinnvoll. Diese Pflanzen bekommen jetzt eine Portion Hornspäne. Organischer Dünger wie Hornspäne braucht Zeit, um sich zu entfalten, er wird deshalb vor dem Austrieb der Pflanzen ausgebracht. Mineralischer Dünger wie Blaukorn wirkt schnell, birgt aber das Risiko des Überdüngens.

Primeln locken

Ist der Winter eher warm, locken in den Gartenmärkten farbenprächtige Primeln, Stiefmütterchen und Hornveilchen den frühlingshungrigen Gärtner. Eigentlich sind diese Pflanzen alle winterhart und gut geeignet, frühe Farbe in die leeren Pflanzschalen im Garten zu bringen. Die Frühblüher sind allerdings in Gewächshäusern gezogen und verzärtelt. Deshalb: Wenn es doch noch einmal sehr kalt werden sollte, wollen die Frühlingsboten kurzfristig abgedeckt werden. Bleibt die Abdeckung zu lange auf den Pflanzen, können sich Pilzkrankheiten bilden.

Aus der Erde in die Erde

Wer viele Schneeglöckchen und Winterlinge hat, kann sie im Februar teilen und verpflanzen. Wer keine hat, sollte nach freundlichen Gartenbesitzern Ausschau halten, die ihren Überschuss abgeben. Diese Pflanzen wollen aus der Erde in die Erde – Zwiebeln oder Knollen dieser Arten aus der Tüte gedeihen nur in Ausnahmefällen. Apropos Zwiebeln: Wer es im Herbst versäumt hat, Tulpenzwiebeln zu pflanzen, kann das jetzt nachholen, wenn die Zwiebeln sich fest anfühlen. Der Boden muss dazu unbedingt frostfrei sein. Beim Pflanzen darauf achten, den geschwollenen Zwiebelboden und die Triebspitze nicht zu beschädigen. Also nicht in den Boden drücken, sondern Pflanzgruben ausheben und sie da hineinsetzen.

Maulwurfshügel

Und dann gibt es da noch die Maulwürfe. Der Februar zeigt die Ergebnisse ihres Fleißes besonders gut. Zu sehen bekommt der Gärtner die Tiere selten. Ihr Element ist das Erdreich, durch das sie mit besonders ausgebildeten Handflächen pflügen, mit einer Grabe-Geschwindigkeit von sieben Metern pro Stunde. Die Tiere sehen possierlich aus, nicht umsonst sind sie zu Kinderbuch-Helden geworden. Das interessiert allerdings diejenigen wenig, die beim Blick aus dem Fenster statt Rasen einen ordentlichen kleinen Erdhügel neben dem anderen zu Gesicht bekommen.

Gegen Maulwürfe lässt sich kaum etwas machen, sie stehen unter strengem Naturschutz. Eigentlich sind sie Nützlinge, denn sie ernähren sich ausschließlich von Insekten, Käfern, Engerlingen und Würmern. Anders als Wühlmäuse sind sie nicht an Pflanzen und saftigen Wurzeln interessiert.

Verziehen sich …

Die von ihnen produzierte Hügellandschaft in den Wintermonaten spricht davon, dass sie es gern ruhig haben. Wenn im Garten oberhalb mehr Betrieb ist, wird es unterhalb ruhiger.

Die Maulwurfshügel im Garten sollten eingeebnet werden; im Rasen wächst bald wieder Gras auf den Kahlstellen. Sind die Stellen sehr groß, hilft eine Handvoll Grassamen. Sind die Hügel zu groß zum Einebnen, werden sie abgetragen. Diese Erde ist gute und lockere Gartenerde, die sich zum Pflanzen und zum Auffüllen von Löchern im Beet verwenden lässt. Wen trotzdem die Wut packt, weil Grabowski dem Rasen schon wieder an die schöne Grasnarbe gegangen ist, der sei erinnert: Ein Maulwurf, etwa 100 Gramm schwer, verzehrt im Jahr etwa 20 bis 30 Kilogramm Würmer und Insekten. Dazu gehören auch die Engerlinge, die dem Rasen schlimmer und nachhaltiger zusetzen können, als Maulwürfe das schaffen.

„Gärtnern ist das reinste
der menschlichen Vergnügen." Francis Bacon (1561–1626)

EINEN KOMPOST ANLEGEN

Darauf sollte kein Gärtner verzichten. Irgendwo gibt es die Stelle im Halbschatten, nicht auf den ersten Blick einsehbar, die sich prima für die Anlage eines Kompostes eignet. Er nimmt das auf, was im Garten an Schnittgut anfällt, und es macht Freude, das Ergebnis der Kompostierung und seine Wirkung im Garten zu erleben. Ein paar Tipps:

- Kompostbehälter können aus Holzlatten, Drahtgeflecht oder Kunststoff (geschlossen) bestehen. Auch offene Mieten (Haufen) sind möglich. Ideale Höhe: bis 1,50 Meter. Drei Behälter oder Mieten sind optimal: einer für Bioabfälle und Gartenschnitt, einer für den umgesetzten und einer für den reifen Kompost.

- Kompostiert werden Bioabfälle aus der Küche und dem Garten. Gartenschnitt sollte zerkleinert werden. Essensreste, kranke Pflanzenteile oder Wildkräuter, deren Samen oder Wurzeln im Beet unerwünscht sind, gehören nicht auf den Kompost (Acker-Winde, Giersch, Quecke).

- In den leeren Kompostkasten sollte zuunterst Strauchschnitt oder grober Staudenschnitt gelegt werden. Besteht der Kompost ausschließlich aus fein strukturierten Abfällen wie Rasenschnitt und Gemüseabfällen, droht die Gefahr von Fäulnis. Deshalb muss dieses Material mit gröberem vermischt werden.

- In Kunstbehältern benötigt der Kompost ausreichend Feuchtigkeit, darf aber auch nicht zu nass sein. Zeichen eines zu trockenen Kompostes ist Verpilzung. Beide Probleme tauchen beim offenen Kompostieren kaum auf.

- Der Kompost sollte mindestens einmal umgesetzt werden. So wird das Material gut vermischt und er bekommt durch die Lockerung ausreichend Sauerstoff.

- Nach sechs bis zwölf Monaten ist der Kompost reif, je nach Material und Temperatur. Dann ist er frei von groben Bestandteilen und feinkrümelig.

- Reifer Kompost kann mit einem Metallsieb (Maschengröße 2 bis 3 cm) gesiebt werden. Die Rückstände im Sieb werden in den ersten Kasten gegeben.

- Gut gemischter Kompost ist organischer Dünger, der Stickstoff, Kalium, Phosphor, Magnesium und Spurenelemente enthält.

Notizen und Termine im
Februar

1 ____________________

2 ____________________

3 ____________________

4 ____________________

5 ____________________

6 ____________________

7 ____________________

8 ____________________

9 ____________________

10 ____________________

11 ____________________

12 ____________________

13 ____________________

14 ____________________

15 ____________________

16 ____________________

17 ____________________

18 ____________________

19 ____________________

20 ____________________

21 ____________________

22 ____________________

23 ____________________

24 ____________________

25 ____________________

26 ____________________

27 ____________________

28 ____________________

*„Neue Knospen keimen.
Das Leben gehört den
Lebendigen an, und wer lebt,
muss auf Wechsel
gefasst sein."*

Johann Wolfgang von Goethe (1749–1832)

Der Garten im März

Endlich geht es los. Der Winter verabschiedet sich im Garten. Die Schneeglöckchen verblühen nach und nach und frühe Narzissen präsentieren erste Pracht. Die Knospen von Perlhyazinthen und Wildtulpen sind in den Blattachseln zu erkennen und zeigen auch schon mal Farbe. Auf den braunen Beetflächen spitzen hier und da erste Triebe. Der Phlox wagt sich hervor und Pfingstrosen signalisieren mit ihren roten Austrieben: Wir kommen! Werkeln zwei Leute im Garten, kommen jetzt gegenseitige Hinweise: Hast du gesehen …?

Aus dem Samentütchen

Wenn der März nicht in Schnee und Frost versinkt, was er durchaus schon mal tut, dann warten ein paar Aufgaben auf die Umsetzung. Der Kompost ist schon im Februar auf den Beeten verteilt. Jetzt können viele einjährige Blumen und Pflanzen ausgesät werden, wenn sie nicht schon im Herbst ins Beet gebracht wurden. Der rosa Mohn, prächtig gefüllt, von der Freundin mitgebracht, der Kalifornische Mohn, auch Schlafmützchen genannt, die zarte Jungfer im Grünen werden jetzt an den Orten ausgesät, die man sich im Idealfall im letzten Jahr gut gemerkt und gekennzeichnet hat. Auch die unverzichtbare Petersilie mit ihrer langen Keimzeit kann an warmen Standorten schon ausgesät werden.

Farnlaub schneiden

Wer wintergrünen Farn in seine Beete gepflanzt hat, kann sich jetzt von dem immer noch prächtigen Laub trennen. Was im Vorfrühling in den eher kargen Beeten noch richtig gut aussieht, wird demnächst braun und unansehnlich. Wen das stört, der schneidet die Blätter ab, bevor die neuen Triebe zu groß sind. Ein späterer Schnitt erledigt auch schon mal den einen oder anderen prächtigen Neuaustrieb gleich mit.

… auch als Jauche

Das Farnlaub kann noch einmal nützlich sein, wenn eine Jauche daraus hergestellt wird. Sie hilft gegen Schild-, Schmier-, Blut- und Blattläuse. Gärtner, die es ausprobiert haben, schwören auf die Schnecken vertreibende Wirkung der Jauche, wenn sie im Frühjahr wiederholt auf und um gefährdete Pflanzen gegossen wird. Für eine Farnjauche wird das Laub in einen Kunststoff- oder Holzbehälter gefüllt und im Verhältnis 500 Gramm Laub zu einem Liter Wasser gemischt. Die Jauche ist fertig, wenn sie nicht mehr schäumt und eine dunkle Farbe angenommen hat; das dauert je nach Wetter 14 Tage bis zu vier Wochen. Die Jauche wird dann im Verhältnis 1:10 verdünnt und wiederholt auf die Pflanzen und die Erde drum herum gegossen.

Und tschüss …

Jetzt im März ist gut zu sehen, ob sich Buchsbaum verabschiedet hat: Die Pflanzen sind trocken, voller abgestorbener Blätter oder blattlos und unansehnlich. Vor allem, wenn Pilzbefall Cylindrocladium buxiola der Auslöser ist, bleibt nach neuestem Wissensstand nichts anderes

„Frühling ist, wenn du dich so wohlfühlst, dass du ein Lied vor dich hin pfeifst, obwohl du mit beiden Beinen im Matsch stehst."

Doug Larson (1926–2017)

übrig, als die Pflanzen zu entfernen. Viele Gärten leben aber von den Strukturen und Formen, die Buchshecken bilden, sie sind kaum verzichtbar. Da heißt es, sich um Alternativen zu kümmern. Es gibt Pflanzen, die durchaus die Aufgabe von Buchshecken übernehmen können. Dazu gehören eher teure Lösungen wie Ilex crenata, eine Ilexart, die sich in den Blättern und im Wuchs kaum von Buchs unterscheidet. Wenn die Hecken höher sein dürfen, ist die heimische Eibe bestens geeignet. Als niedrige Beeteinfassungen eignen sich die Buchsbaumblättrige Berberitze Berberis buxifolia nana oder Berberis thunbergii.
Beide müssen allerdings regelmäßig geschnitten werden und tragen nur im Sommer Laub. Auch Sorten des Spindelstrauchs Euonymus, der Gamander Teucrium oder die Heckenmyrthe Lonicera albertii können gut als Ersatz dienen; sie sind alle immergrün. Eine eher ungewöhnliche Alternative ist eine Einfassung mit Carex morrowii, einer etwa 20 Zentimeter hohen Seggensorte. Wird sie als Umrandung verwendet, sollte sie jedoch mit Wurzelsperre gepflanzt werden. Im Frühjahr vor dem Blütenaustrieb wird das Gras geschnitten. Besonders zur Blütezeit ist dieser Beetrahmen spektakulär.

Gräser teilen

Gräser wie Seggen in verschiedenen Arten und Sorten bringen Abwechslung und Struktur ins Staudenbeet. Allerdings neigen sie dazu, nach ein paar Jahren von innen heraus zu verkahlen. Dann werden die Pflanzen geteilt. Dafür wird bei höheren Arten das Laub bis auf 10 Zentimeter zurückgeschnitten, bei niedrigen Arten erübrigt sich das. Die Pflanze wird herausgenommen und mit dem Spaten geteilt. Die verkahlten Teile werden entsorgt. Mit den Händen oder einem Messer werden Teilstücke abgetrennt. Ein Teil kommt wieder ins Beet, aus dem Rest lassen sich weitere Pflanzen vereinzeln. Das Ergebnis sind kräftige, gesunde Pflanzen ohne Kahlstellen. Übrigens ist es bei dieser Arbeit wichtig, Handschuhe zu tragen – die Blätter sind scharfkantig.

Zwiebelpflanzen düngen

Im März wächst die Vorfreude auf Frühblüher wie Narzissen, Hyazinthen und Tulpen mit jedem Zentimeter, die sich die Knospen in die Höhe schieben. Wenn sich grüne Blattinseln ohne Blütenknospen in den Beeten zeigen, sind die Pflanzen hungrig. Sie wollen jetzt, kurz vor der Blüte, mit einem Volldünger gedüngt werden, damit sie im nächsten Jahr wieder üppig blühen.

Schutz für Gemüsepflänzchen

Wer ein Gemüsebeet hat, kann es bearbeiten, sobald der Boden abgetrocknet ist und nicht mehr „schmiert". Wenn der Kompost eingearbeitet ist, können Rote Rüben, Möhren, Spinat, Chicorée und Zwiebeln ausgesät werden.

„Das Geheimnis, woran sich die Gärtner erkennen, verrate ich nicht. Aber Tatsache ist, dass sie einander bei einer Begegnung sofort herausfinden, sei es im Theater, beim Tee oder im Wartezimmer eines Arztes.“ Karel Čapek (1890–1938)

Im Handel sind jetzt auch erste Gemüsepflänzchen zu bekommen: Frühkohl und Salat können ins Freie gepflanzt werden. Sie sollten aber mit einem Folientunnel oder Pflanzhütchen geschützt werden, falls es noch einmal winterlich kalt wird.

Rückenfreundlich

Gemüse lässt sich leichter und rückenfreundlicher anbauen und pflegen, wenn es in einem Hochbeet wächst. Am besten ausprobieren. Vom Designerkasten über einen Holz-Bausatz aus dem Baumarkt bis zu umfunktionierten Betonplatten oder Paletten ist so ziemlich alles möglich, wenn ein paar Richtlinien beachtet werden (siehe Infotext).

Tee im Freien?

Eine alte Regel verheißt uns ein paar warme Sommertage im März. Wetterexperten winken ab, trotzdem glauben wir fest an diese Regel und legen schon mal die Polster für die Gartenmöbel zurecht. Für den ersten Tee im Freien. Solange diese wunderbaren Tage noch nicht da sind, können wir zum Beispiel den ersten frühen Vogelkonzerten zuhören. Den Amseln, Meisen und Rotkehlchen beim Moossammeln für die Nester zusehen. Oder den ersten Grünschleier über dem Spierstrauch Spiraea alba entdecken, der über Nacht wie ein kleines Wunder erscheint.

PRAKTISCHES HOCHBEET

Wer sein eigenes Gemüse ziehen will und wenig Platz zur Verfügung hat, kann sich mit der Anlage eines Hochbeetes seinen Traum auch auf begrenztem Raum erfüllen. Bei genügend Licht wächst das Gemüse hier prima.

Hochbeete können in vielen Variationen angelegt werden, am besten in einer Höhe, in der es sich bequem arbeiten lässt. Je nach Körpergröße und Arbeitshaltung sind das 60 bis 100 Zentimeter. Die Höhe kann auch als Gestaltungselement gestaffelt eingesetzt werden. Wichtig bei der Planung ist, dass die einzelnen Beete leicht rundum zu erreichen sind und dass das Wasser ablaufen kann.

Die Einfassung sollte stabil genug sein, um den Druck der eingefüllten Erde auszuhalten. Dafür eignet sich Holz so gut wie Stein- und Betonplatten, gemauerte Natursteinwände oder Metall. Auch aus Paletten lassen sich Hochbeete bauen, sie halten allerdings nur eine begrenzte Zeit.

SO WIRD EIN HOCHBEET ANGELEGT

- Grundfläche des Hochbeetes etwa 30 Zentimeter tief ausheben. Boden und Seitenbereiche der Grube mit feinmaschigem Draht auskleiden.
- In dauerhafte Hochbeete aus Stein, Metall oder Betonplatten eine Drainageschicht (ein Drittel der Höhe) zur Entwässerung aus grobem Schotter einfüllen, mit wasserdurchlässiger Folie abdecken.
- Holzwände zum Schutz an den Innenseiten mit Teichfolie auskleiden. Ein Drittel der Höhe mit grobem Baum- oder Strauchschnitt als Drainage auffüllen.
- Auf die Drainageschicht kommt eine Mischung aus gehäckseltem Strauchschnitt, zerkleinertem Staudenschnitt und Grünabfällen, gefolgt von halb verrottetem Kompost.
- Die obere Schicht von etwa 30 Zentimetern besteht aus Gartenerde, gemischt mit reifem Kompost, oder Blumenerde.

Notizen und Termine im
März

1
2
3
4
5
6
7
8
9
10
11
12
13
14
15
16
17
18
19
20
21
22
23
24
25
26
27
28
29
30
31

„Der Mensch, der gleicht
dem Aprilwetter,
welches bald schön, bald wild,
bald warm, bald kalt,
bald trocken, bald nass,
bald Sonne, bald Regen,
bald Riesel, bald Schnee,
bald Blumen, bald Klee."

Abraham a Sancta Clara (1644–1709)

Der Garten im April

Auch wenn der April macht, was er will – es gibt diese besonderen Tage: Ein bisschen kühl, doch an geschützten Stellen wärmt die Sonne. Wer auf kleinen Wegen durch die Landschaft unterwegs ist, findet blühende wilde Kirschbäume, Birken, die sich einen grünen Schleier übergeworfen haben, und die ersten gelben Rapsfelder. Spätestens jetzt ist klar: Auch in diesem Jahr ist es Frühling geworden – Aufbruch in seiner schönsten Form.

Aus dem Winterquartier

Wer seine Pflanzen im Keller oder in der Garage überwintert hat, bringt sie jetzt ans Tageslicht. Fuchsien werden beschnitten, Schmucklilien Agapanthus ebenfalls. Praktischerweise stellt man die Kübel und Töpfe an eine Stelle, wo sie ohne großen Aufwand vor möglichen letzten Frösten geschützt werden können – und wo sie für den Anfang nicht zu viel Sonne bekommen, damit die ersten zarten Blättchen nicht verbrennen und sich an das Freiluftdasein gewöhnen können.
Kübel und Töpfe müssen gegossen werden, wenn es nicht genug regnet. Beim oft kühlen Frühlingswetter gerät das leicht in Vergessenheit. Ein erster Schuss Dünger wäre auch nicht schlecht. Und wer umpflanzen möchte, sollte bei den Schmucklilien vorsichtig sein: Wenn die Wurzeln nicht den Topf ausfüllen, ist ein Agapanthus blühfaul. Er braucht drangvolle Enge, um sich zu voller Pracht zu entfalten.

Letzte Fröste

Ab und zu drohen doch noch ein paar Minusgrade. Die meisten Pflanzen überstehen das gut. Zu früh gekaufte Geranien oder frostempfindliche Pflanzen, die geschützt überwintert haben, mögen das gar nicht. Wer keine Verluste riskieren will, sollte diese Pflanzen vor Frostnächten schützen. Folie eignet sich dazu ebenso wie ausrangierte Tücher und Bettlaken. Wichtig: den Schutz am Morgen entfernen, sonst kommt es statt Kälteschock zum Hitzestau unter der Abdeckung.

Zwiebelblüher stärken

Die ersten Narzissen und Tulpen im Garten sind jetzt verblüht. Verwelkte Blüten mit Fruchtknoten können abgeschnitten werden; so geht die Kraft der Pflanze nicht in die Samenstände, sondern in die Zwiebel. Übrigens: Jede Tulpe, die nicht geblüht hat, kann aus dem Beet genommen werden – sie wird es auch in Zukunft nicht tun.

Wer Duftwicken liebt …

… kann sie Mitte April säen. Am besten werden die Samen vorher einige Stunden in warmes Wasser gelegt, um die harten Samenkapseln aufzuweichen. Sie brauchen etwa zwei Wochen, bis sich die ersten Blättchen zeigen. Die einjährigen Wicken eignen sich auch für Topf und Balkon, wenn sie mit einer Rankhilfe versehen werden.
Im Handel gibt es viele Sorten von Duftwicken, vor allem sind es die bunten Mischungen, die gut keimen und wachsen. Bei den spektakulären Farben ist das manchmal Glückssache.

Erster Rhabarber

Rhabarber ist eine der ersten Pflanzen im Gartenjahr, die geerntet werden können. Die Stängel aus dem Wurzelstock herausdrehen, nicht abschneiden – zurückbleibende Stängelreste faulen sonst leicht. Wer einen Bleichtopf über die Pflanze gestülpt hat, erntet längere und zartere Stiele. Die Rhabarberblätter, die bei der Ernte anfallen, können zum Abdecken der Flächen verwendet werden, auf denen noch nichts wächst. Sie unterdrücken das Unkraut. Nach einiger Zeit verrotten die Blätter und geben Nährstoffe an den Boden ab.

Umschichten

Wer im April den Kompost umsetzt, fördert die gleichmäßige und schnelle Verrottung. Darauf achten, dass der untere Teil nach oben und der innere nach außen umgeschichtet wird.

Thema Giersch

Im April sprießt auch Unerwünschtes im Beet. Wer Giersch entfernen will, muss einen langen Atem haben. In einigen Bereichen wird es nicht gelingen. Hier kann das Pflanzen von robusten Bodendeckern oder Hochstauden eine Hilfe sein. Einige dieser Pflanzen bilden einen dichten Teppich, andere beschatten den Boden mit immergrünem Laub, sogar im Winter. Andere starke Staudenpartner können zusammen mit Giersch ein durchaus attraktives Bild ergeben. Für einen

„… im Mai blühen die Bäume und Blumen nur,
aber im April schlagen sie aus;
glaubt mir, dieses Keimen und Ausschlagen,
diese Knospen, Knösplein und Keimlinge
sind die größten Wunder der Natur …“

Karel Čapek (1890–1938)

dichten, bodendeckenden Teppich gegen Giersch an Gehölzrändern eignen sich: Waldsteinie Waldsteinia ternata, Ysander Pachysandra terminalis, Storchschnabel-Arten und Sorten Geranium sanguineum, G. wlassovianum, G. ibericum 'Vital', G. psilostemon, G. 'Nimbus', G. 'Tiny Monster'. Damit sich der Pflanzenteppich schnell schließt, sollten Sie dicht pflanzen. Vorher das Beet, so gut es geht, von den Unkrautwurzeln befreien.
Im naturnahen Garten eignen sich einige Hochstauden als starke Partner für den Giersch, die das Kraut in seine Schranken weisen. Hierzu gehören: Kerzenknöterich Bistorta amplexicaulis, Schildblatt Darmera peltata, Himalaja-Wolfsmilch Euphorbia griffithii 'Fireglow', hohe Funkien Hosta, Schnee-Felberich Lysimachia clethroides, Wiesen-Taglilien Hemerocallis lilioasphodelus, Telekie Telekia speciosa und nicht wuchernde Stauden-Sonnenblumen Helianthus decapetalus und microcephalus.

Rasenmäher warten

Und dann ist der Rasen in jedem Frühjahr wieder ein Thema. Es ist gar nicht so kompliziert, wie es scheint. Erstens hilft die Einsicht, dass in unseren Breiten selten perfekter englischer Rasen wächst. Wenn die Versöhnung mit der „Wiese“ geglückt ist, gilt zweitens: Jetzt muss der Rasen mit einem stickstoffbetonten Dünger versehen werden, der die Grasnarbe kräftigt und das Moos zurückdrängt. Und drittens: Sobald der Rasen zu wachsen anfängt, beginnt die Saison des Rasenmähens. Das erste Mal wird in einer Höhe von vier Zentimetern geschnitten, und das kann schon Ende März der Fall sein. Und sonst: Gegen Moos hilft jetzt auch ein kräftiges Abharken mit dem Grasbesen, vertikutieren muss nicht unbedingt sein.

Viele Wildkräuter wie Löwenzahn oder Hahnenfuß verursachen auf den Rasenflächen Inseln, auf denen kein Gras mehr wächst. Wer das nicht mag, sollte jetzt die Kräuter ausstechen. Und nicht zuletzt: Wer den Rasenmäher nicht schon im Winter gewartet hat, sollte das noch vor dem ersten Schnitt tun. Dazu gehört, Öl und Luftfilter zu wechseln und die Messer nachzuschleifen; beides erledigt der Fachmann.

Schädlinge und Nützlinge

Sobald es warm wird, erwachen nicht nur die Pflanzen im Garten. Auch allerlei Getier, geliebt oder weniger geliebt, tummelt sich in der Luft, in den Beeten und unter der Erde. Hummeln taumeln von Blüte zu Blüte, Bienen sind auf Sammeltour. Blattläuse lassen sich auf den ersten Blättern der Rosen nieder, Wühlmäuse zeigen ihrem Nachwuchs die saftigsten Wurzeln. Vögel bauen ihre Nester – übrigens gerne mit dem Moos aus dem Winterrasen – und Schnecken formieren sich zum großen Fressgelage. Es ist gut, dass die Schädlinge im Garten viele natürliche Feinde haben, die sich von ihnen ernähren. Der bekannteste Nützling bei uns ist der Marienkäfer, dessen Leibspeise die Blattläuse sind. Aber auch Florfliegen, Schlupfwespen oder Schwebfliegen sind wichtige Schädlingsvertilger.
Und natürlich die Vögel, die ihre Brut durchbringen müssen und sich dazu an den Schädlingen bedienen. Wühlmäuse und Schnecken haben allerdings wenige Fressfeinde. Da müssen die Gärtner den Kampf wie in jedem Jahr wieder selbst übernehmen.

Für Blüten und Verstecke sorgen

Frühblühende Zwiebelpflanzen und Gehölze locken Nützlinge schon jetzt mit erstem Pollenangebot in den Garten. Die Insekten bleiben gern, wenn sie das ganze Jahr über Blüten als Nahrungsquelle finden. Je abwechslungsreicher und natürlicher der Garten beschaffen ist, desto mehr Lebensraum bietet er Nützlingen. Und wenn in den Beeten nicht zu sehr aufgeräumt wird, dienen ihnen Halme, Stängel und alte Rinde ganzjährig als sicherer Unterschlupf.

WANN IST FRÜHLING?

Neben der persönlichen Wahrnehmung, wann der Frühling beginnt, haben Astronomen, Meteorologen und Phänologen diese Jahreszeit auf verschiedene Weise definiert.

- So beginnt der **astronomische Frühling** zur Tag- und Nachtgleiche am 20. oder 21. März. Zu diesem Zeitpunkt sind überall auf der Welt Tag und Nacht gleich lang.
- Die Meteorologen teilen den Jahreszeiten jeweils drei Monate zu: Der **meteorologische Frühling** beginnt am 1. März und endet am 31. Mai.
- Der **phänologische Frühling** ist differenzierter. Er hat drei Phasen, die jeder Gärtner gut beobachten kann. Blühbeginn oder Laubaustrieb bestimmter Pflanzen zeigen Vorfrühling, Erstfrühling oder Vollfrühling an. Ein Datum kann diesen Phasen nicht genau zugeordnet werden, weil geografische Lage, Standort und Witterungsverlauf eine wichtige Rolle spielen.
- Der **Vorfrühling** beginnt, wenn Schneeglöckchen, Haselnuss und Huflattich blühen. Es folgen der **Erstfrühling** mit blühenden Forsythien, Himmelsschlüsseln und Stachelbeeren und der **Vollfrühling** mit Apfelblüten und duftendem Flieder. Im April befinden wir uns auf der besonders schönen Schwelle vom Erstfrühling zum Vollfrühling.

Übrigens beginnt der Vollfrühling auf unserem Kontinent Ende Februar im Südwesten Portugals und zieht mit etwa 40 Kilometern pro Tag nordwärts, bis er 90 Tage später im 3600 Kilometer entfernten Finnland angekommen ist. Man sieht Mörikes blaues Band des Frühlings förmlich durch Europa flattern.

Notizen und Termine im April

1

2

3

4

5

6

7

8

9

10

11

12

13

14

15

16

17

18

19

20

21

22

23

24

25

26

27

28

29

30

„Was für ein trauriger Ort wäre die Welt ohne Blumen! Sie wäre wie ein Gesicht ohne Lächeln und wie ein Fest ohne Willkommensgruß.“

Arthur James Balfour (1848–1930)

Der Garten im Mai

Der Mai lässt nicht nur allerhand Pflanzen im Garten aufblühen, sondern auch die Menschen, die in ihnen werkeln. Ein sonniger Maitag, so um die 20 Grad warm, voller Fliederduft und Rhododendronblüten – das ist ein Hochgenuss. Endlich ist der Winter verbannt. Endlich zeigen die Beete, dass die vorherrschende Farbe nicht mehr Braun ist. Endlich kann das T-Shirt zur Gartenarbeit herausgeholt werden.

Der Blick nach unten

Allzu ausschweifende Höhenflüge werden im Mai jedoch geerdet. Der Blick über die Beete voller tanzender Akelei- und Flieder-, Glyzinien- und Goldregenblüten entzückt, ein Blick unterhalb erschreckt. Der Mai ist auch der Monat der ungeliebten Kräuter. Ob Schöllkraut oder Vogelmiere, Giersch oder Brennnessel, Schaumkraut oder die Einjährige Rispe – in den Beeten wächst jetzt mit Macht, was der Gärtner fürchtet.

Invasion der Unerwünschten

Über die Berechtigung des Begriffs Unkraut wird gestritten. Trotzdem lässt er sich kaum ausrotten, ebenso wie das Kraut selbst. Was Unkraut ist und was nicht, ist also durchaus relativ. Der gute alte Duden definiert Unkraut so: „Gesamtheit von Pflanzen, die zwischen

Besuchst du jetzt einen Gärtner, so findest du sein Hinterteil irgendwo zwischen Stauden herausragen. „Ich komme gleich", ruft er über die Schulter hinweg, „ich pflanze nur das hier noch ein." Nach Karel Čapek (1890–1938)

angebauten Pflanzen wild wachsen und deren Entwicklung behindern." Das trifft es ganz gut, und das überlässt es jedem Gärtner, eine Pflanze als Unkraut zu behandeln oder nicht.
Wer einen Garten neu angelegt hat, kennt die Pionierpflanzen genannten Kräuter, die beim Entfernen vor der Blüte nach kurzer Zeit verschwinden. Zu ihnen gehören die Melde oder der Vogelknöterich. Dann gibt es die sich aussamenden Kräuter wie Vogelmiere, den Hornfrüchtigen Sauerklee mit seinem roten Laub und kleinen gelben Blüten, das Einjährige Rispengras oder das gefürchtete Schaumkraut, das mit seinen kleinen Blattrosetten und weißen Blüten zugleich blüht und samt. Die nächste Gruppe ist die der ausdauernden Unkräuter, die selbst Stauden sind. Das Drüsige und Kleinblütige Weidenröschen gehören dazu, ebenso wie der Kriechende Hahnenfuß oder der Wiesen-Löwenzahn. Und dann kommen die am meisten gefürchteten Kräuter, die Wurzelunkräuter. Dazu gehören der Giersch, die Echte Zaunwinde, die Gemeine Quecke, der Ackerschachtelhalm oder die Brennnessel.

Geduldig und meditativ

Alle Kräuter, die wir nicht eingeladen haben, nutzen im Mai ihre Chancen. Die sich aussamenden Kräuter besiedeln die Flächen, die jetzt noch nicht bedeckt werden, nicht selten in Form einer Invasion. Die beste Anti-Unkraut-Technik ist zugleich die umweltfreundlichste: das Jäten. Am besten geduldig per Hand mit einem kleinen Handgerät, um nicht auch die Pflanzen zu beseitigen, die man doch gerne in seinem Garten hätte. Wie zum Beispiel Sämlinge von Akelei oder Eisenkraut. Die später nachwachsenden unerwünschten Sämlinge werden durch vorsichtiges Hacken entwurzelt – so, dass die Wurzeln der Stauden nicht beschädigt werden. Das kann eine durchaus meditative Beschäftigung sein.

Mit Sonderbehandlung

Bei den ausdauernden Unkräutern gibt es einige, die eine Sonderbehandlung brauchen. Löwenzahn zum Beispiel muss tief ausgestochen werden, um die gesamte Wurzel zu entfernen, sonst wächst bald eine neue Pflanze nach. Das Gleiche gilt für alle Wurzelunkräuter, und nicht immer gelingt das Entfernen der Wurzeln vollständig. Bei einigen dieser Pflanzen lohnt es sich, über ein kontrolliertes Nebeneinander von Wurzelunkräutern und geeigneten Stauden nachzudenken. Zum Beispiel ist es schwer bis unmöglich, Giersch endgültig aus dem Garten zu verbannen. Zusammen mit starken Partnern wie Storchschnabel-Sorten, Himalaya-Wolfsmilch Euphorbia griffithii 'Fireglow' oder Schnee-Felberich Lysimachia clethroides können die „Giersch-Ecken" aber durchaus zu ansehnlichen Beeten werden.

Schwere Geschütze

Jäten ist nicht jedermanns Sache, vor allem nicht in den Fugen von Pflasterflächen. Deshalb gibt es auch immer einige gut gemeinte Tipps, die mit Vorsicht zu genießen sind. Essig und Salz gehören dazu, beides in Wasser aufgelöst und über verkrautete Pflasterflächen gegossen. Wichtig zu wissen: Der Einsatz dieser Hausmittel ist für diesen Zweck gesetzlich verboten. Essig und Salz fallen offiziell unter die nicht erlaubten Pflanzenschutzmittel. Hintergrund ist, dass die Konzentration der Substanzen im Boden hoch werden kann. Auf Dauer werden Boden, Pflanzen und Insekten dadurch belastet. Manche Gärtner empfehlen, kochendes Wasser auf Pflasterflächen zu gießen. Es zerstört den Organismus der Pflanze; die getrockneten Reste lassen sich nach einer Weile leicht entfernen. Auch auf das Abflämmen solcher Flächen schwören einige. Das kann allerdings gefährlich werden, wenn Flammen auf andere Pflanzen übergreifen.

Wer sich im Mai seinen unerwünschten Kräutern stellt, kann sich zumindest im Staudenbeet auf einen entspannten Sommer freuen. Wenn die Beete so bepflanzt sind, dass sie ab Juni keine Freiflächen mehr zeigen, hat das nachwachsende Unkraut kaum noch eine Chance.

Dahlien ins Beet

Im Maigarten gibt es im Übrigen viel mehr als Unkräuter: Die Pfingstrosen öffnen sich und in den Staudenbeeten kündigt sich die Blütenfülle an. Tulpen hingegen sind jetzt „durch". Damit sie im nächsten Jahr wieder blühen, sollten die Samenstände unterhalb der Kapsel ausgebrochen oder abgeschnitten werden. Das Laub erst entfernen, wenn es gelb geworden ist.

„Ein Maitag ist ein kategorischer Imperativ der Freude."

Christian Friedrich Hebbel (1813–1863)

Wer Dahlien vorgetrieben hat, kann sie nach den Eisheiligen ab Mitte Mai ins Beet pflanzen. Das Vortreiben empfiehlt sich für alle Gärten, in denen es Probleme mit Schnecken gibt. Je kräftiger die vorgetriebenen Pflanzen sind, umso weniger werden sie von Schneckeninvasionen bedroht.
Bergenien, die schon früh im Jahr angefangen haben, mit ihren Blüten den Garten zu schmücken, beenden jetzt ihre Blütezeit. Das gibt Gelegenheit, zu groß gewordene Pflanzen zu teilen und neu zu pflanzen. Dafür die Pflanze mit Grabegabel oder Spaten aus der Erde holen und die Wurzelstöcke auseinanderschneiden. Beim Einpflanzen darauf achten, dass jedes Rhizom mindestens ein Blattpaar hat.

Bohnen legen, Stauden entspitzen

Der Mai ist auch der Monat für alle, die Gemüse anpflanzen. Wer es mal mit Bohnen und wenig Aufwand probieren möchte, legt jetzt Buschbohnen in die Erde. Wer Gurken, Möhren, Zwiebeln und Kohl anpflanzt, unterstützt seine Pflanzen, wenn er Dill dazwischensät. Auch Mischkulturen sind zu empfehlen: Zu Tomate, Gurke oder Zucchini passen Sommerblumen wie Tagetes, Ringelblumen oder Kapuzinerkresse. Das begrenzt den Schädlingsbefall und freut das Auge.
Wer einen kleinen Garten hat und Stauden liebt, kann jetzt dafür sorgen, dass die Pflanzen niedrig und kompakt bleiben: mit Entspitzen oder Pinzieren. Um schöne buschige Pflanzen zu bekommen, kann die Triebspitze einfach mit den Fingernägeln ausgezwickt oder mit einer Schere über einem Blattpaar abgeschnitten werden.

NICHT ÄRGERN, SONDERN ESSEN

Löwenzahn, Giersch, Brennnessel oder Gundermann: im Mai sprießen wieder die Wildkräuter im Garten. Worüber sich manche ärgern, ist für andere eine kulinarische Bereicherung. Denn ob als Tee, Salat oder Gemüse: Wildkräuter lassen sich in der Küche auf verschiedene Weise verwenden. Viele sind zudem vitaminreich und wirken wohltuend.

So soll etwa die oft geschmähte **BRENNNESSEL** den Stoffwechsel anregen und bei Hautkrankheiten helfen. Sie schmeckt sowohl als Tee, frisch gepresster Saft, Suppe, Gemüse oder Salatzutat.
Die Pflanze ist reich an Vitamin C, Eisen und Calcium.

Für einen Wildkräutersalat mit Tomaten und Schafskäse eignen sich viele Pflanzen – zum Beispiel **GIERSCH:** Er enthält viel Vitamin C und kann auch wie Spinat zubereitet werden. Geerntet werden Blütenknospen und junge Blätter. Giersch wirkt auch als frisch gepresster Saft, Badezusatz oder Umschlag entzündungshemmend bei Rheuma, Gicht oder Arthritis.

Eine weitere Zutat für den Salat ist die **VOGELMIERE.** Sie enthält viel Calcium, Kalium, Magnesium und Eisen und schmeckt mild. Wegen seines hohen Saponingehalts kann das frische Kraut auch als Auflage oder als Badezusatz Juckreiz lindern.

Die **KNOBLAUCHRAUKE** mit ihrem milden pfeffrig-knoblauchartigen Aroma eignet sich als Würzkraut. Geerntet werden Blätter, Knospen und Blüten.

Komplett wird der Wildkrautsalat durch den nussig schmeckenden **LÖWENZAHN.** Er regt mit Bitterstoffen die Verdauung an und ist reich an Vitamin A, C, E und K und Kalium. Alle seine Teile sind essbar. Die Wurzel wurde früher als Kaffeeersatz verwendet.

Notizen und Termine im

Mai

1
2
3
4
5
6
7
8
9
10
11
12
13
14
15
16
17
18
19
20
21
22
23
24
25
26
27
28
29
30
31

„Der Juni kam.
Lind weht die Luft.
Geschoren ist der Rasen.
Ein wonnevoller Rosenduft
dringt tief in alle Nasen."

Wilhelm Busch (1832–1908)

Der Garten im Juni

Zum Juni gehören die Rosen. Sie zeigen sich jetzt in verheißungsvoller Mischung aus Blüten und Knospen. Die späterblühenden Sorten mit noch grünen Dolden lassen erahnen, was sie demnächst vorhaben. Dazu blühen die staksigen Wiesen-Iris und Bart-Iris in leuchtenden Farben und voller Pracht, Pfingstrosen und Clematis werden zu Blütenwolken, der erste Rittersporn reckt seine Rispen aus dem Beet und der Phlox zeigt hier und da schon einen Anflug von Farbe. Aller Ärger, alle Mühe, alle Kämpfe mit Boden und Pflanzen, Schnecken und Mäusen, behaartem Schaumkraut und Giersch treten in den Hintergrund. Kurz: Der Junigarten ist Wonne und Belohnung für den Einsatz, der im Gartenjahr geleistet wurde …

Der Rasen ruft

… was aber niemanden dazu verleiten sollte, alle Arbeit nun für abgeschlossen zu halten. Da ist zunächst der Rasen – im Mai neu ausgesät, will er jetzt gemäht werden. Sind die Gräser acht bis zehn Zentimeter hoch, wird das erste Mal in einer Höhe von fünf Zentimetern geschnitten. Die nächsten Male stellt man den Rasenmäher immer eine Stufe tiefer, bis allerhöchstens auf 3,5 Zentimeter. Für die nachgesäten Kahlstellen nach winterlichen Maulwurfinvasionen gilt das gleiche (siehe Infotext).

Mit der Schere dirigieren

Mit Schneiden geht es weiter, diesmal allerdings mit der Schere. Wer jetzt seine Dahlien entspitzt oder pinziert, dem wachsen sie nicht in den Himmel. Die standfesteren Pflanzen blühen dann zwar etwas später, dafür aber reichlich und mit größeren Blüten. Zum Pinzieren den Haupttrieb so abschneiden, dass noch Blattpaare für den Neuaustrieb erhalten bleiben.

Und dann ist da noch der „Chelsea Chop“, eine Technik, die aus England zu uns gekommen ist. Hier werden die äußeren Stängel der Stauden ringsherum um ein Drittel zurückgeschnitten, auch wenn schon Blütenknospen zu sehen sind. Neu wachsende Seitentriebe werden buschiger und die Blütezeit verlängert sich um vier bis sechs Wochen, weil die gekürzten Triebe später blühen als die mittigen. Die Blütenstängel werden kräftiger und standfester. Am besten eignen sich dafür hohe Spätsommerblüher wie Indianernessel Monarda, Purpur-Sonnenhut Echinacea purpurea ‘Magnus’, Phlox, Raublatt- und Glattblatt-Astern Aster novae-angliae und A. novi-belgii oder Sonnenbraut Helenium. Auch Stauden, die zum Auseinanderfallen neigen, wie die Hohe Fetthenne Sedum telephium, bleiben durch diesen Schnitt kompakter, stabiler und danken mit reicherer Blüte.

„Es ist wichtiger, dass sich jemand über eine Rosenblüte freut, als dass er ihre Wurzel unter dem Mikroskop betrachtet."

Oscar Wilde (1854–1900)

Schönheitspflege

Zweimal blühende Clematis mit ihren prächtigen Blüten bilden jetzt Samenstände. Sie können samt direkt darunterliegendem Blattpaar abgeschnitten werden. So kann die Pflanze ihre Kraft in eine zweite Blüte stecken. Die Triebe werden jetzt nicht zurückgeschnitten.

Im Juni ist der Frühlingsflor der frühblühenden Polsterstauden endgültig vorbei. Blaukissen Aubrieta, Polster-Phlox Phlox subulata oder Steinkraut Alyssum werden kräftig zurückgeschnitten, um im nächsten Jahr prächtige Blüten zu bilden. Das Gleiche gilt für die Schleifenblume Iberis, das Sonnenröschen Helianthemum und das Heiligenkraut Santolina. Faustregel: Etwa ein Drittel der Trieblänge wird entfernt, am besten geht das mit einer Heckenschere.

Die Stauden- oder Bauern-Pfingstrose Paeonia officinalis blüht Anfang Juni prächtig, aber kurz. Zum Ende des Monats ist sie ausgeblüht und wird abgeschnitten. Auch die Strauch-Pfingstrose P. suffruticosa will geschnitten werden. Das ist allerdings etwas heikler als bei ihrer staudigen Schwester. Bei Strauch-Pfingstrosen entfernt man jetzt die verwelkten Blutenstände oberhalb der ersten Laubblätter, um die Blütenbildung für die nächste Saison zu stimulieren. Um die Verzweigung zu fördern, kann auch der letztjährige Trieb stärker zurückgeschnitten werden. Bis ins alte Holz sollte der Schnitt allerdings nicht reichen.

Blütennachschub

Das, was uns im Mai mit prachtvollen Blüten erfreute, zeigt im Juni mehr oder weniger ansehnliche Samenstände: Akelei und Pfirsichblättrige Glockenblume gehören dazu, sie säen sich selbst aus und

„Glück besteht in der Kunst, sich nicht zu ärgern, dass der Rosenstrauch Dornen trägt, sondern sich zu freuen, dass der Dornenstrauch Rosen trägt."

Arabisches Sprichwort

„tanzen" im nächsten Jahr gern durch den Garten. Wer darauf wartet, lässt die Samenstände einfach stehen. Wer das verhindern will, schneidet sie ab. Bei dauerhaften Stauden empfiehlt es sich, das Ausgeblühte bis zum ersten ausgebildeten Laubblatt zu entfernen. Oft blühen sie ein zweites Mal, wie der Rittersporn.

Erntestopp

Bei der Rhabarberernte bis Mitte Juni lassen sich die großen Blätter gut zum Mulchen von Himbeeren und Johannisbeeren nutzen – sie unterdrücken das Unkraut und reichern den Boden mit Nährstoffen an. Nach dem 21. Juni werden Rhabarberstängel nicht mehr geerntet. Vor allem, weil die Pflanze sich ab jetzt regenerieren muss. Wer auch im nächsten Jahr viel ernten möchte, arbeitet Kompost rund um die Pflanze in den Boden und entfernt die jetzt wachsenden Blütenstängel.

Neue Pflanzplätze

Kürbisse finden neben dem Kompostbehälter einen perfekten Platz zum Wachsen. Ein bis zwei Pflanzen, deren Triebe hochgeleitet werden, beschatten den Kompost und sorgen bei starken Regenfällen dafür, dass er nicht zu nass wird. Die Pflanzen kommen gut mit dem nährstoffreichen Boden zurecht. Wer große Kürbisse ernten will, sollte bei jeder Pflanze nur die ersten beiden Früchte zulassen und alle anderen entfernen, sobald sie sichtbar werden.
Wer in seiner Gemüseecke nach der ersten Radieschen- und Salaternte Platz hat, kann jetzt dort noch alles pflanzen, was im Handel angeboten wird: Salat, Kohl, Tomaten, Gurken, Sellerie, Sommerendivie, Lauch, Blumenkohl, Zucchini, Fenchel oder Kohlrabi. Empfehlenswert sind übrigens Hofläden, die oft den ganzen Sommer hindurch Gemüse- und Salatpflänzchen anbieten.

Beste Gesellschaft

Beim Pflanzen darauf achten, welche Pflanzen sich gegenseitig unterstützen und welchen Nährstoffbedarf sie haben. Kohlsorten zum Beispiel brauchen Dünger. Zum Zwischenpflanzen eignen sich einjährige Kräuter. Zwischen den Reihen von Radieschen, Zwiebeln, Porree und Tomaten wächst Petersilie sehr gut. Möhren, Zwiebeln und Gurken vertragen sich mit Dill, Fenchel und Koriander. Salat und Rettich mögen Kerbel, nicht jedoch Petersilie in der Nähe. Zu Bohnen, Porree und Tomaten passt Schnittsellerie. Erbsen, Gurken und Salat haben gern Fenchel in der Nähe. Pfefferminze, Salbei und Thymian schrecken Kohlweißlinge ab.

Alles klar im Teich

Der Gartenteich ist Lebensraum vieler Tiere und belebendes Element für die Menschen. Im Juni gibt es allerdings oft ein Problem: Sobald es warm und sonnig wird, wachsen im Teich auch Algen. Sorgen machen die Fadenalgen, Anzeiger von zu vielen Nährstoffen im Wasser. Damit das Wasser wieder klar wird, sollten die Algen regelmäßig abgefischt werden. Dazu eignet sich ein schmaler Rechen. Herausgefischtes lässt sich gut kompostieren. Unterstützend können mineralische Bindemittel wie Zeolith helfen, den Nährstoffgehalt im Wasser zu senken. Die Gesteinsbröckchen werden in einem Netz in den Teich gehängt und nach einigen Wochen ersetzt, wenn die Aufnahmekapazität erschöpft ist. Die gesättigten Bröckchen verbessern anschließend die Erde, wenn sie in den Boden oder in Pflanzkübel eingearbeitet werden.

Ist das Gemüse nachgepflanzt, der Teich klar und Verblühtes geschnitten, ist es Zeit, den Juni zu genießen. Auch wenn für passionierte Gärtner die Arbeit im Beet durchaus Genuss ist, muss auch das andere sein: das Gläschen Wein zum Feierabend auf der Bank, ein Buch und Zitronenwasser im schattigen Liegestuhl, die Kaffeetafel mit Erdbeerkuchen für Freunde auf dem Rasen.

RASENTRÄUME

Das Ideal vieler Gärtner ist englischer Rasen: dicht, fest, hoch und frei von Beikräutern und Moos. Wer es probiert hat, weiß: Dieses Ideal ist kaum zu erreichen, wenn nicht in jedem Jahr neuer Rollrasen aus gelegt wird. Wer Rasen neu einsäen oder Fehlstellen nachsäen muss, hat die Qual der Wahl. Es gibt **Rasensaaten** für unterschiedliche Bedürfnisse wie Schatten-, Sport- und Zierrasen. Und dann gibt es Rasensamen mit schönen Namen wie „Berliner Tiergarten". Viele von ihnen sind Mischungen mit billigen Futtergräsern. Wer sicher sein will, dass er hochwertiges Saatgut bekommt, sollte auf Markenrasensamen mit der Bezeichnung Regel-Saatgut-Mischung (RSM) achten.

Schattenrasen sollte möglichst viel von der Grasart 'Lägerrispe' *Poa supina* enthalten. Sie kann eine dichte, geschlossene Grasnarbe bilden, ist allerdings sehr teuer. Auch wenn das feine Saatgut der Lägerrispe nur zu fünf Prozent in der Saatmischung enthalten ist, schafft sie es, sich schnell auszubreiten. Also genau auf die Inhaltsbeschreibung der Saatmischungen achten.

Im Übrigen: **Englischer Rasen** lebt nicht nur vom Saatgut. Regelmäßig düngen und mähen sind erforderlich: Dreimal im Jahr (April, Juni, September) Rasenlangzeitdünger geben und mindestens einmal in der Woche mähen. Das macht den Rasen annähernd englisch. Wenn es denn sein muss.

Notizen und Termine im

Juni

1 ______

2 ______

3 ______

4 ______

5 ______

6 ______

7 ______

8 ______

9 ______

10 ______

11 ______

12 ______

13 ______

14 ______

15 ______

16 ______

17 ______

18 ______

19 ______

20 ______

21 ______

22 ______

23 ______

24 ______

25 ______

26 ______

27 ______

28 ______

29 ______

30 ______

„Am leuchtenden Sommermorgen
Geh ich im Garten herum.
Es flüstern und sprechen die Blumen,
Ich aber, ich wandle stumm."

Heinrich Heine (1797–1856)

Der Garten im Juli

Juli ist für viele Ferienzeit, und wenn wir uns darauf freuen, sehen wir flirrende Hitze oder Schäfchenwolken am tiefblauen Himmel. Nicht immer tut uns der Juli den Gefallen, sich in dieser Gestalt zu zeigen. Er kann durchaus kühl und nass sein, und dann haben wir das Gefühl, wir sind um den diesjährigen Sommer betrogen.
Der Juli ist im Garten vor allem der Monat des Überschusses, egal, bei welchem Wetter. Haben wir im Mai noch das eine oder andere Pflänzchen mit den Augen aus der Erde gezogen, brauchen wir jetzt Schere und Schubkarre, um Ausgeblühtes abzuschneiden und abzutransportieren. Wer nach zwei Wochen Urlaub seinen Garten inspiziert, hat den Eindruck, er habe aus Versehen einen Dschungel angelegt.
Der Juli ist der Monat, in dem der Gärtner Jahr für Jahr verwundert feststellt, wie viel Biomasse sein Garten produziert.

Stauden zurückschneiden

Rittersporn, Katzenminze, Steppen-Salbei und viele andere sind verblüht und werden eine Handbreit über dem Boden abgeschnitten. Dann treiben sie noch einmal aus und blühen im Spätsommer ein zweites Mal. Königskerze, Frauenmantel oder Kaukasus-Vergissmeinnicht säen sich gern und reichlich selbst aus. Wer das verhindern will, schneidet Verblühtes ab. Die Samenstände nicht auf dem Kompost, sondern in der Biotonne entsorgen, sonst nützt diese Vorsichtsmaßnahme nicht.

Stützen und Stäbe

Stauden und Gräser, die jetzt nicht geschnitten werden, brauchen oft trotzdem gärtnerische Zuwendung. Spätestens wenn ein heftiger Gewitterregen das Ziergras oder die Sonnenbraut Helenium flachgelegt hat, geht es mit Stützen und Stäben, Klammern und Bindegarn in die Beete. Eine tolle und kostengünstige Idee, Stauden zu stützen, kommt aus England: Dort wird der Strauchschnitt des Frühjahrs aufgehoben und die verzweigten Stecken mit den Besen nach oben tief zwischen die Stauden gesteckt. Das kostet nichts, funktioniert prima und ist kaum zu sehen, wenn die Pflanze ausgewachsen ist.

Wüchsiges eindämmen

Wenn Efeu im Beet und am Haus wachsen soll, hilft es, die neuen Triebe mehrmals im Jahr mit der Garten- oder Heckenschere zurückzuschneiden, denn Efeu lässt sich – einmal angewachsen – kaum bremsen. Besonders am Haus ist das nötig, damit der Blick aus dem Fenster und das Dach frei bleiben. Breitet sich Efeu auf Beetflächen stark aus, kann man auch mal mit dem Rasenmäher darübergehen. Ein paar Wochen lang sieht das Ergebnis nicht so schön aus, aber dann entsteht wieder ein dichter und frischgrüner Teppich.
In diesem Jahr gepflanzte Bodendecker wie Efeu oder Johanniskraut können jetzt kräftig zurückgeschnitten werden. Die Triebe verzweigen sich so besser und bilden schneller einen dichten Teppich, unter dem Unkraut kaum eine Chance hat.

Wasser marsch!

Wenn wir einen Hochsommer-Juli nach allen Regeln der Kunst haben, muss im Garten gegossen werden. Am besten morgens, wenn die Pflanzen noch an die kühlere Nachttemperatur gewöhnt sind. Das hilft auch, der Schneckenplage vorzubeugen; wird abends gegossen, sammeln sich die Tiere gerne im feuchten Blattwerk.
Die Töpfe rund um Terrasse und Hof werden täglich mit Wasser versorgt, wenn der Regen ausbleibt. Wer Engelstrompeten Brugmansia oder Oleander im Kübel hat, sollte bei sehr heißem Wetter zweimal am Tag gießen. Bei anhaltender Trockenheit zeigen auch die Beete, dass sie gegossen oder gesprengt werden wollen. Wichtig dabei ist: Nicht zu oft, zweimal in der Woche reichhaltig gießen, das reicht. Wer öfter und eher wenig gießt, riskiert trockene und schwache Pflanzen, die oberflächliche Wurzeln ausbilden. Die Nässe sollte vor allem an die unteren, tiefen Wurzeln gelangen.
Bei Gemüse sind es vor allem Tomaten und Gurken, die regelmäßig Wasser benötigen. Für Tomaten gilt, dass immer am Wurzelansatz gegossen werden sollte. Bewährt hat sich das alte Rezept, einen leeren Blumentopf neben dem Wurzelballen in die Erde zu drücken und ihn mit Wasser zu füllen. Wasser auf den Blättern nehmen vor allem Tomaten übel; sie werden anfällig für Krankheiten und Pilzbefall. Wer seine Beete sprengt, sollte daran denken, dass Wassertropfen bei starkem Sonnenschein wie kleine Brenngläser wirken könnten. Außerdem verdunstet zu viel Wasser, bevor es an die Pflanzen kommt. Abends ist die beste Zeit, um den Sprenger anzustellen, dann ist diese Gefahr vorbei. Mit einem Regenmesser auf der Sprengfläche lässt sich kontrollieren, ob die Wassermenge ausreicht. Das gründliche Wässern zweimal in der Woche (vorher mit einem Spaten die Bodenfeuchtigkeit kontrollieren) sollte am besten 20 bis 30 Liter pro Quadratmeter betragen.

„Sommer ist die Zeit, in der es zu heiß ist, um das zu tun, wozu es im Winter zu kalt war."

Mark Twain (1835–1910)

Bei Hochsommerwetter können sich die Regenwassertonnen zur Brutstätte für Stechmücken entwickeln. Mit einem Deckel auf der Tonne lässt sich das verhindern.

Blüten und Genüsse

Die Rosen sind verblüht, aber die Stockrosen zeigen jetzt ihre ganze Pracht. Sie sind zweijährig, und wer sich auch im nächsten Jahr an den Blüten freuen möchte, sät sie jetzt in Töpfe aus. Im September werden die Pflanzen dann an ihren endgültigen Platz im Beet umgesetzt. Sind die Stockrosen verblüht, schneidet man sie dicht über dem Boden ab, dann treiben sie im Folgejahr oft noch einmal aus.
Der Juli ist auch der Monat der Genüsse. Letzte Erdbeeren, Johannis- und Stachelbeeren, Blau- und Himbeeren, Aprikosen und die ersten Brombeeren werden reif.
Salat, Brokkoli, Bohnen und Gurken, Kohlrabi, Erbsen, Möhren und Kartoffeln können geerntet werden. Was schmeckt besser als das, was der Gärtner selbst gezogen und gehütet hat, bis es auf den Tisch kommt? Und wer sich in seinen Beeten auf Zierpflanzen und Kräuter beschränkt, findet auch hier eine Menge für die Küche: Petersilie, Rosmarin und Thymian sind unentbehrlich beim Kochen, und ein Salat wird nicht nur schmackhafter, sondern auch schöner, wenn er mit den Blüten von Kapuzinerkresse und Gänseblümchen, Ringelblume und Taglilie, Gewürztagetes oder Lavendel bereichert wird.
Nicht nur Menschen „schmeckt" der Garten. Schmetterlinge torkeln von Blüte zu Blüte, und die blühenden Stauden werden gern von Hummeln, Bienen und anderem summenden „Geflügel" besucht. Die Vögel freuen sich über gefüllte Vogeltränken und revanchieren sich mit manchmal spektakulären Badeorgien. Im Gartenteich haben sich aus den Kaulquappen kleine Frösche entwickelt, die jetzt ihre Laichgewässer verlassen – „es regnet Fröschchen", sagt der Volksmund. Früh am Morgen schlüpfen Libellen aus ihren Larven und zeigen die Pracht ihrer Flügelpaare, abends singt die Amsel ihr Lied hoch oben auf dem Dachfirst. Mit etwas Glück sieht man spätabends funkelnde Glühwürmchen durch den Garten irrlichtern, und ab und zu flattert eine Fledermaus durch die Dunkelheit.

STAUDEN STÜTZEN

Im Juli zeigen viele hochwüchsige Stauden, was in ihnen steckt. Das ist schön, und das ist lästig: Beim ersten kräftigen Regenguss fallen diese Stauden oft auseinander.

Mit **Staudenstützen** lässt sich das vermeiden. Es gibt sie aus Metall, rund oder halbrund, in verschiedenen Höhen. Staudenstützen aus Holz können schöne Hingucker sein, sind aber auch teuer. Man kann sie aus biegsamen Zweigen wie Hasel selbst machen.

Bei großflächigen Pflanzungen von hohen Stauden empfehlen sich **Gitter,** die zum Beispiel aus Bambusstäben gebunden und in der Wachstumsphase über die Fläche gelegt werden. Gestapelte Klinkersteine an zwei Seiten können als Auflagefläche dienen. Den gleichen Effekt hat man mit Baustahlmatten; die zudem haltbarer sind als Bambus. Baustahlmatten lassen sich an den Enden umbiegen und wie ein Tisch über die Fläche stellen.

Einfache Mittel sind **Stäbe** aus Metall oder Bambus, an die die Pflanzen gebunden werden. Das sieht allerdings nicht immer schön aus. Gut eignet sich der **Strauchschnitt,** der beim Frühjahrsschnitt aufgehoben wurde. Er wird mit den Verzweigungen nach oben so zwischen die Pflanzen gesteckt, dass er später nicht mehr sichtbar ist.

Notizen und Termine im

Juli

1

2

3

4

5

6

7

8

9

10

11

12

13

14

15

16

17

18

19

20

21

22

23

24

25

26

27

28

29

30

31

„An einem schönen Tag
im Schatten zu sitzen und
auf die Gemüsebeete zu schauen
ist die beste Erfrischung.“

Jane Austen (1775–1817)

Der Garten im August

Der August ist der goldene Monat. Die Stoppelfelder leuchten gelb und die Sonnenkinder unter den Stauden laufen zur Hochform auf. Tags riecht es nach Staub und Hitze, abends nach Herbst. Der August bezaubert durch goldene Abende und durch frische, kühle Morgenstunden. Jedenfalls der ideale August – ist er kühl und regnerisch, versetzt er uns viel zu früh in Spätherbststimmung.

Gelb im Garten

Das jetzt vorherrschende Gelb dringt auch durch trübe Tage und sorgt für Leichtigkeit und gute Laune. Die Vielfalt von ein- und mehrjährigen Sonnenblumen Helianthus, Sonnenbraut Helenium, Mädchenauge Coreopsis, Goldrute Solidago, Studentenblumen Tagetes oder Ringelblume Calendula leuchten mit der Sommersonne um die Wette. Und dann sind da noch Dahlien, Astern und Kosmeen, die sich mit dem Gelb zu einem Farbenrausch verbinden. Jetzt können üppige Sommersträuße geschnitten und ins Haus geholt werden, denn schon Karl Foerster wusste: „Blumen auf dem Esstisch heben den Wohlgeschmack der Speisen.“

Saatgut sammeln …

Viele ein- und zweijährige Pflanzen haben inzwischen Samen angesetzt, die im August für das nächste Jahr gesammelt werden können. Dazu gehört das zweijährige Silberblatt Lunaria annua. Wenn die beiden äußeren Blättchen zwischen zwei Fingern abgerieben und der reife Samen gewonnen ist, schmücken die Zweige mit den verbleibenden silbernen Innenscheiben den ganzen Winter hindurch. Samen des einjährigen Mohns, gefüllt Papaver paeoniflorum oder einfach P. rhoeas, lassen sich jetzt aus den hübschen Samenkapseln schütteln. Die Kronen-Lichtnelke Lychnis coronaria, viele Glockenblumenarten Campanula, ungefüllte Dahlien, Malven Malva sylvestris oder moschata und viele mehr sorgen jetzt für Nachwuchs für das nächste Jahr. Wer die ausgeblühten Pflanzen nicht an Ort und Stelle zum Aussamen ausschüttelt, kann sie trocknen lassen und das Saatgut in dicht verschlossenen Gefäßen wie Marmeladengläsern aufbewahren. Am besten lagert man die Gläser bis zum nächsten Jahr an einem dunklen und kühlen Ort. Das Beschriften nicht vergessen.

… und Blüten konservieren

Um bei der Ernte zu bleiben: Disteln können konserviert werden, wenn die Blütenstängel zu Beginn der Blüte geschnitten werden. Lavendel und Schleierkraut Gypsophila paniculata erntet man kurz nach dem Aufblühen und hängt sie kopfüber an einem schattigen, luftigen Ort auf. Pflanzen mit großen Einzelblüten wie Strohblumen Helichrysum am besten in ein Stück Maschendraht stecken und im Schatten trocknen lassen.

Bis Anfang September ist Zeit, um zweijährige Sommerblumen wie Stockmalven, Glockenblumen, Goldlack, Bart-Nelken, Vergissmeinnicht, Veilchen, Levkojen oder Fingerhut in Töpfe oder ins Gemüsebeet auszusäen. An einem halbschattigen Platz bei einer Temperatur von 15 bis 18 Grad keimt die Saat. Die Pflänzchen werden bis spätestens Mitte Oktober an den vorgesehenen Platz im Garten gepflanzt.

Urlaubsrasen

Wer jetzt aus dem Urlaub zurückkommt und einen hoch gewachsenen Rasen vorfindet, sollte ihn nicht sofort ganz kurz mähen. Damit er nicht verbrennt, lieber in Etappen auf die gewünschte Höhe bringen.

„Wer das Neue im Garten nicht mitmacht,
kann seinen alten Lieblingsblumen
nicht gerade in die Augen sehen."

Karl Förster (1784–1841)

Jetzt ist auch Zeit, den Rasen noch einmal zu düngen; das empfiehlt sich dreimal im Jahr. Wenn der Rasen nicht mit einer Steinkante eingefasst ist, werden die Ränder nachgestochen, damit das Gras nicht in die Beete hineinwächst. Bei rechtwinklig geformten Flächen kann man ein langes Brett entlang der Rasenkante legen und alles Überstehende abstechen.

Unerwünschte Gäste

Im Staudenbeet finden sich hier und da junge, weiche Triebe, die von Blattläusen befallen sind. Die Tiere lassen sich gut bekämpfen, wenn die Triebe einfach abgeschnitten werden. Den Pflanzen macht das nichts aus.
Einige Phloxsorten sind jetzt anfällig für Echten Mehltau. Dieser Schönwetterpilz wird bei sonnig warmem Wetter und kühleren Nächten mit erhöhter Luftfeuchtigkeit aktiv. Der Falsche Mehltau hingegen liebt lang anhaltend feuchtes Wetter. Man kann es mit Milch probieren: Ein Teil Frischmilch wird mit neun Teilen Wasser vermischt und auf die befallene Pflanze gesprüht. Die Mikroorganismen in der Milch bekämpfen den Pilz, deshalb ist H-Milch ungeeignet. Das enthaltene Natriumphosphat stärkt außerdem die Abwehrkräfte der Pflanze. Das Ganze muss allerdings zwei- bis dreimal in der Woche wiederholt werden.

„Blumen auf dem Esstisch
heben den Wohlgeschmack der Speisen."

Karl Foerster (1874–1970)

Rückschnitt

Es gibt viel zu schneiden im Augustgarten. Die schönen Zwerg- oder Sommer-Spieren Spiraea japonica zum Beispiel zeigen jetzt ausgeblühte, braune Dolden. Die Sträucher können mit der Heckenschere um etwa ein Drittel eingekürzt werden. Auch das Fingerkraut Potentilla verträgt jetzt so einen Rückschnitt, damit es dicht bleibt.
Und dann ist da noch der Blauregen Wisteria sinensis, der im Frühsommer kräftige und lange Seitentriebe gebildet hat. Diese Triebe sollten auf drei bis vier Blätter zurückgeschnitten werden. Das drosselt das Wachstum der Triebe und die Pflanze legt ihre Kraft in die Anlage neuer Blütenknospen.

Stecklinge und andere Triebe

Der August ist ein guter Zeitpunkt, um Fuchsien durch Stecklinge zu vermehren. Die kräftigen Triebe der Mutterpflanze werden dazu unterhalb des dritten Blattpaares knapp unter dem Knoten mit einem scharfen Messer abgeschnitten. Die unteren beiden Blätter abzupfen, den Steckling in Anzuchterde stecken und das Gießen nicht vergessen. Andere Triebe sind eher unerwünscht, wie die Wasserschosse der Apfelbäume. Jetzt ist die richtige Zeit, sie zu entfernen. Sie werden nicht geschnitten, sondern gerissen, damit auch die Basisknospe mit entfernt wird.

Für Lilienfreunde

Wer die duftenden, weißen Madonnen-Lilien liebt, sollte sie im August pflanzen. Andere Liliensorten werden im Frühling oder Herbst gesetzt, aber Lilium candidum möchte nun in die Erde. Sie hat eine etwas längere Entwicklungszeit als die anderen Arten. Beim Pflanzen an den Nährstoffhunger der Schönheit denken und etwas Kompost mit ins Pflanzloch geben. Der Standort sollte wasserdurchlässig sein, ansonsten mag die Pflanze schwere bis mittelschwere Böden. Die Zwiebel sollte nicht mehr als drei Zentimeter unter die Erdoberfläche gesetzt werden und möchte frei stehen. Im August werden übrigens auch Herbstzeitlose und herbstblühende Krokusse gepflanzt.

Zeit zum Durchatmen

Der August macht Gärtner ein bisschen träge. Alles ist gewachsen, wie es sollte, und manches auch nicht. Was nicht gut geklappt hat, wird jetzt in Ruhe fotografiert: Im nächsten Jahr kann es besser gemacht werden. Die Fotos sind auch wichtige Gartenhelfer im Frühjahr, wenn vermeintliche Freiflächen im Beet zum Nachpflanzen verführen wollen. Größere Arbeiten wie das Teilen der Stauden oder das Umgestalten von Beeten können noch warten. Es wird früher dunkel und der Himmel färbt sich nicht selten spektakulär rot hinter den Bäumen – so lässt sich der Abendgarten genießen.

LÄCHELNDE ÄPFEL

Wer einen Apfelbaum mit schönen roten Äpfeln im Garten hat, kann probieren, den Früchten ein lächelndes Gesicht zu geben. Wie das geht?

Die Lösung ist einfach. Kurz bevor die Äpfel ihre endgültige Rotfärbung haben, werden sie auf der Sonnenseite mit einem in die gewünschte Form geschnittenen, lebensmittelechten Aufkleber (im Handel als Etiketten erhältlich) versehen. Dann kommt die Sonne zu Hilfe, sie färbt den Apfel rot. Nur dort, wo der Aufkleber haftet, gibt es den Bikini-Effekt, dort kann die Sonne nicht arbeiten. Darunter ist es dunkel, und der Apfel kann sich an dieser Stelle nicht färben.

Wenn der Apfel dann einige Wochen später geerntet wird, zieht man den Aufkleber wieder ab. Auf dem roten Apfel lächelt ein freundliches Gesicht oder steht eine kleine Botschaft. Diese einfache und natürliche „Manipulation“ der Äpfel ist ein Renner bei Kindern oder ein Gruß für Gäste.

Notizen und Termine im
August

1

2

3

4

5

6

7

8

9

10

11

12

13

14

15

16

17

18

19

20

21

22

23

24

25

26

27

28

29

30

31

„Ihr, die ihr es nicht
glauben wollt,
seid überzeugt:
Der September ist der
auserlesene Monat
für alles, was zum
zweiten Mal blüht."

Karel Čapek (1890–1938)

Der Garten im September

Der September ist der Monat der Reife. Hat er sonnige, warme Tage, beschleicht uns das Gefühl, dass wir beschenkt sind, mit einem Nachsommer. Eigentlich haben wir nicht damit gerechnet, dass wir noch immer im Shirt draußen arbeiten und die Abende mit einem Glas Wein am Feuerchen auf der Terrasse feiern können.
Egal, wie der Sommer war, jetzt neigt er sich. Die tief stehende Sonne am Spätnachmittag taucht Blüten, Laub und Gräser in schönes Licht, am Morgen funkelt der Tau in den Spinnweben. Der Septembergarten hat Fülle. Stauden öffnen ihre zweite Blüte, Rosen blühen immer noch. Astern zeigen erste Farbe, Kosmeen leuchten über den Beeten und Zinnien recken ihre bunten Blütenköpfe in die Septembersonne. Äpfel färben sich und Hagebutten leuchten in der Hecke.
Im Septembergarten ist Hektik fehl am Platz. Alles hat geblüht, alles ist gewachsen, was wir in den Garten gesetzt haben. Einiges prächtig, einiges nicht so gut. Jetzt ist es egal: Der Gärtner regt sich nicht mehr über die Rosenkrankheiten dieses Jahres auf und macht seinen Frieden mit Schnecken und Wühlmäusen.

Teilen, pflanzen, ausprobieren

Der September ist eine gute Zeit, um über Veränderungen nachzudenken. Neues ausprobieren, planen, einpflanzen und sich auf das Ergebnis im nächsten Frühjahr freuen. Stauden können geteilt oder neu gepflanzt werden. Wer mit einem Beet unzufrieden ist, kann

es jetzt neu anlegen. Die im September gepflanzten Stauden oder Sträucher wachsen im noch warmen Erdreich gut an, bevor der Boden in wenigen Wochen auskühlt. Jetzt kann man sehen, wie groß die Pflanze wird oder in welcher Farbe sie blüht – das kann bei der Frühjahrspflanzung zur Glücksache werden.
Zum Beispiel Frauenmantel Alchemilla: Die Pflanze ist ein wunderbarer Bodendecker und liefert mit gelb-grünen Blütenrispen unermüdlich sommerliche Beigaben für Blumensträuße. Wer größere Flächen mit Frauenmantel bepflanzen möchte, kann seinen eigenen Bestand gut vermehren. Dazu wird der Wurzelballen mit dem Spaten großzügig ausgehoben, hälftig geteilt und dann in faustgroße Wurzelstücke vereinzelt. Diese Stücke können sofort mit einem Pflanzabstand von 30 bis 40 Zentimetern ins Beet gepflanzt werden, dann gut angießen.

Kübel und Pflanzkästen

Ist der September noch warm, wird oft die sommerliche Kübel- und Balkonbepflanzung unansehnlich. Lobelien und großblütige Petunien neigen zum Verkahlen und gefallen uns nicht mehr so recht, also gönnen wir uns mal wieder einen Abstecher auf den Blumenmarkt und stoßen auf Heide. Heide mit weißen, lila, zartrosa oder grünlichen Blüten eignet sich für Kübel und Pflanzkästen. Zusammen mit Gräsern, Scheinbeere Gaultheria, Alpenveilchen Cyclamen, herbstblühenden kleineren Stauden oder Kräutern ist sie noch mal ein Hingucker und begleitet uns durch den ganzen Winter.
Heide gibt es in zwei klassischen Gruppen. Im September blüht die sommerblühende Besenheide Calluna. Sie liebt Sonne und nährstoffreichen, sauren Boden. Die Pflanzen wollen fest in den Boden gepflanzt werden, damit sie mit ihren feinen Wurzeln genug Feuchtig-

„Es gibt im Grunde nichts, was dem Dichten so nahesteht, als ein Stück lebendiger Natur nach seiner Fantasie umzugestalten."

Hugo von Hofmannsthal (1874–1929)

keit ziehen können. Die Nachbarschaft von Rhododendren, Azaleen oder Heidelbeeren gefällt der Calluna gut. Sie ist die Heide, die klassische Heideflächen bedeckt; dort wird sie von Schafen abgeweidet. Diese Aufgabe muss im Frühjahr der Gärtner übernehmen und sie wie Lavendel zurückschneiden, sonst wächst sie unansehnlich aus. Für einen Heidegarten ist es gut, frühblühende und spätblühende Sorten zu mischen. Die oft angebotenen Knospenblüher unter den Heiden gehören ebenfalls zur Besenheide; sie werden oft für die Balkonpflanzung verwendet. Die winterblühende Heide oder Schneeheide Erica carnea zeigt ihre weißen, rosa oder dunkelrosa Blüten von Februar bis April. Sie kommt aus subalpinen Regionen und mag sauren Boden nicht, am besten in normale Gartenerde pflanzen. Auch sie möchte beschnitten werden, aber nur alle drei bis vier Jahre, und dann im Mai.

Lebensrettende Maßnahmen

Einige Stauden verausgaben sich beim Blühen dermaßen, dass ihr Gastspiel im Garten nur von kurzer Dauer ist. Wer die Kokardenblume Gaillardia liebt, hat das schon schmerzlich erfahren. Hier hilft nur ein kräftiger Rückschnitt im September als lebensrettende Maßnahme. Das Gleiche gilt für das Klein- und Großblütige Mädchenauge Coreopsis lanceolata bzw. grandiflora, die im Unterschied zur nadelblättrigen Art Coreopsis verticillata eher kurzlebig sind. Zwar fällt es schwer, die noch blühenden Pflanzen im September bodennah einzukürzen, aber so stecken die Pflanzen ihre ganze Kraft in die Überwinterungsorgane statt in die Blüten und kommen besser durch die kalte Jahreszeit. Wer diese Stauden regelmäßig teilt, erhöht ebenfalls ihre Langlebigkeit.

Im September sind die Dahlien eine einzige Pracht und laden zum Schneiden von üppigen Sträußen ein. Es sollte aber auch alles Verblühte abgeschnitten werden, über dem ersten oder zweiten Blatt unterhalb des Blütenstands. Dann bringen die Stängel so lange neue Knospen hervor, bis der erste Nachtfrost dem prachtvollen Schauspiel ein Ende bereitet. Für die Vase nur voll erblühte Blütenstängel schneiden – am besten frühmorgens – und das meiste Laub abstreifen, so bleibt der Strauß länger frisch.

Zwiebeln für den nächsten Frühling

Wer Zierlauch liebt, sollte die großen Zwiebeln jetzt ins Beet bringen. Sie werden einzeln oder in kleinen Gruppen gepflanzt. Dazu mit dem Spaten ein ausreichend großes und tiefes Pflanzloch ausheben: Der Zwiebelboden sollte später mindestens 15 Zentimeter unter der Erde liegen. Bei schwerem, lehmigem Boden wird eine Schicht grober Sand ins Pflanzloch gemischt, damit die Zwiebeln vor Staunässe geschützt sind. Ab September können auch Zwiebeln von Tulpen, Narzissen, Krokussen und vielen anderen Frühblühern gesetzt werden. Es hat aber noch Zeit – oft gibt es im Spätherbst sehr günstige Zwiebelangebote in den Gärtnereien, weil die Lager geräumt werden müssen. Solche Schnäppchen sind wunderbar, wenn die Zwiebeln nicht ausgetrocknet sind, und können auch noch spät im Jahr in die Erde gebracht werden.

Erntezeit

Äpfel, Birnen, Zwetschgen, Zucchini, Kürbis und Tomaten füllen im September Töpfe, Einmachgläser und Gefrierschränke. Übrigens lassen sich auch Zieräpfel und -quitten verarbeiten; Gelee von diesen Früchten schmeckt sehr apart.
Wer nicht sicher ist, ob seine Äpfel geerntet werden können: Die Pflückreife stellt man durch Anheben und leichtes Drehen der Frucht fest. Löst sich der Stiel, ist die Frucht reif. Bei nicht gleichmäßig reifenden Sorten wie 'Goldparmäne' oder 'Gravensteiner' wird mehrmals durchgepflückt, damit alle Früchte gut ausreifen können. Ausgereiftes, aber nicht überreifes Obst ist besser lagerfähig.
Mit Freunden bei einer abendlichen Kürbissuppe, beim Kaffeeklatsch mit Apfelkuchen, beim Verschenken von Tomaten, Gurken und Zucchini: Zusammen schmeckt alles besser, und der Herbstgarten zeigt durch die Besucheraugen noch einmal seine Schönheit, wo der Gärtner nur den Abschied sieht.

AUF BALKON UND TERRASSE

- Ab Ende August werden mediterrane Kübelpflanzen wie Oleander, Bougainvillea, Kamelien und Schmucklilien Agapanthus nicht mehr gedüngt, sonst wird erneut das Wachstum angeregt. Die Triebe können nicht mehr rechtzeitig vor dem Winter ausreifen und faulen dann leicht.
- Alle einjährigen Balkonpflanzen mit ihrer Blütenfülle wollen hingegen weiter gedüngt werden, viele blühen bis zum Frost.
- Von Geranien, Oleander und Fuchsien können jetzt Stecklinge geschnitten werden, die geschützt unter einer Haube aus Folie oder Glas Wurzeln bilden.
- Pflegeleichte Pflanzen wie winterblühende Heide Erica carnea, Gräser, Scheinbeere Gaultheria, Alpenveilchen Cyclamen, Herbstchrysanthemen, Efeu, Mühlenbeckie oder Kräuter wie Rosmarin oder Thymian lösen die Sommerblumen in den Balkonkästen ab und vertragen sogar leichte Fröste. Auch im Herbst ist das richtige Gießen wichtig: Die meisten Schäden an den Pflanzen entstehen durch einen vertrockneten oder verfaulten Wurzelballen.

Notizen und Termine im
September

1
16
2
17
3
18
4
19
5
20
6
21
7
22
8
23
9
24
10
25
11
26
12
27
13
28
14
29
15
30

„Ohne Astern,
diesem brausenden Anziehungs-
punkt für Menschen und
Insekten, ist der Herbst in einem
der wichtigsten Punkte
sang- und klanglos.
Sie verklären den Mollklang
des Herbstes."

Karl Foerster (1874–1970)

Der Garten im Oktober

Der Oktober hat viele Gesichter. Goldene Tage voller Sonne und letzter Wärme. Das Laub der Felsenbirne wird zur roten Fackel, der Ginkgo färbt sich gelb und der Eisenholzbaum verblüfft mit seinem spektakulären Herbstgewand. Dazu kommen blühende Stauden. Herbstastern leuchten in allen Farben und Höhen, die Dahlien starten zum finalen Blühfestival, der Kerzenknöterich Bistorta amplexicaulis reckt die üppig blühenden roten Finger hoch hinaus, die Herbstmargerite Leucanthemella serotina mit ihren großen, weißen Blüten schwebt darüber.

Der Oktober kann aber auch ganz anders. Wenn er sich mit trüben, ungemütlichen Tagen voller Nebel und Niesel präsentiert, dann schleicht sich Wehmut ein beim Gärtner. Er beeilt sich, die Blüten aus den Beeten als üppige Herbststräuße ins Haus zu retten, bevor der erste Frost die Pracht zunichtemacht.

Egal, wie das Wetter ist: Es lohnt sich, den Oktobergarten bewusst wahrzunehmen. Er hat viel zu bieten: Seine Farben leuchten auch noch im Nebel, und das Gärtnerauge sieht jetzt die Dinge, die im Sommer fehlen. Wie der leuchtend rot verfärbte Fächer-Ahorn und der spät blühende Eisenhut. Wenn das Obst geerntet und verarbeitet ist, der Kürbis Herbstsuppen verheißt und ein noch richtig schöner, warmer Tag zu Ende geht, ist noch einmal Zeit für ein Feuerchen auf der Terrasse, mit dicker Jacke in Reichweite. Das Aufräumen in den Beeten kann warten – nach dem ersten Frost ist noch genug Gelegenheit.

„Im Übrigen bin ich, nicht ungern, der Sklave meines Gartens, wo ich samt meiner Frau fast jede freie Minute arbeite. Es macht mich sehr müd und ist etwas zu viel, aber mitten in alledem, was die Menschen heute tun, fühlen, denken und schwatzen, ist es das Klügste und Wohltuendste, was man tun kann."

Hermann Hesse (1877–1962)

Die Blätter fallen ...

... fallen wie von weit. Das, was in Rilkes Herbstgedicht so schön und etwas wehmütig daherkommt, macht im Oktobergarten Arbeit. Wenn das Laub fällt, sollte geharkt werden. Vor allem auf Rasenflächen, etwa alle zwei Wochen. Wer wenig Laubbäume im Garten hat, kann einfach mit dem Rasenmäher darüberfahren: Die Blätter werden dabei zerhäckselt und eingesammelt, dann kommen sie auf den Kompost. In Beeten mit mediterranen Pflanzen oder im Steingarten sollte man eher aktiv werden: Diese Beete vertragen kein Laub. Das Gleiche gilt für immergrüne Hecken und Pflanzen. Das aufliegende Laub wird abgesammelt; sonst bekommt die Pflanze zu wenig Licht. Staudenbeete vertragen Herbstlaub gut, die Schicht sollte aber (in frischem Zustand) nicht höher als fünf Zentimeter dick sein. Wenn viel Laub in einem Garten anfällt, lohnt es sich, einen eigenen Laubkompost anzulegen. Das Ergebnis ist das tollste aller Kompostarten: mild und sanft, krümelig und humos. Er setzt viel Kalium frei und ist gut geeignet für das Umtopfen von Zimmerpflanzen.

Aus Eichenlaub

Ein besonderer Stoff ist Kompost aus Eichenlaub. Die Blätter sind reich an Gerbsäure und zersetzen sich nur langsam. Doch das Warten lohnt sich: Die daraus entstehende Humuserde hat einen niedrigen pH-Wert und ist ideal für alle Pflanzen, die sauren Boden brauchen, zum Beispiel Rhododendron, Azaleen, Kamelien und Heidelbeeren. Blau blühende Hortensien freuen sich ebenfalls über ihn. Wer es probieren will und keine Eichen hat, kann bei Eichenbesitzern nachfragen, die haben reichlich Laub und geben sicherlich gern ab.

Rosenzeit

Im Oktobergarten blühen manche Rosen noch einmal üppig. Rosenfreunde, die ihre Bestände erweitern wollen, machen sich am besten jetzt an die Arbeit. Die im Herbst angebotenen wurzelnackten Rosen sind nicht nur günstiger als die im Sommer erhältlichen Topfpflanzen, sie können sich auch besser entwickeln. Die wurzelnackten Rosen werden vor dem Pflanzen über Nacht in einen Eimer mit Wasser gestellt. Das Wasser sollte bis über die Veredelungsstelle reichen. Jeder Rosentrieb wird auf drei bis fünf Knospen (Augen) ab der Veredelungsstelle zurückgeschnitten. Auch die Wurzeln kürzt man ein paar Zentimeter ein. Die Pflanzen werden in gut gelockerten Boden gepflanzt, der mit reifem Kompost und lehmigem Boden oder Urgesteinsmehl gemischt ist. Gepflanzt wird so tief, dass die Veredelungsstelle etwa fünf Zentimeter unterhalb der Erdoberfläche liegt. Gut andrücken und wässern, zum Schluss mit Erde anhäufeln, um die Pflanzen vor Winterfrösten zu schützen. Im Frühjahr wird diese Erde entfernt. Übrigens: Spezielle Rosenerde, die im Handel angeboten wird, ist im Garten unnötig, sie wird nur für Kübelpflanzungen gebraucht.

Bäume umpflanzen

Bäume verpflanzen? Das tut niemand gern. Es kann bei neu angelegten Gärten aber vorkommen, dass der Lieblingsbaum den gewählten Standort nicht mag oder dass er viel zu groß geworden ist. Bevor die Säge gezückt wird, kann der Gärtner versuchen, den Baum umzupflanzen. Wenn Gehölze noch keine fünf Jahre am selben Platz stehen, lassen sie sich in der Regel gut umsetzen. Am besten jetzt, und bei frostfreiem Wetter. Das Pflanzloch am neuen Standort wird vorbereitet. Dann muss ein scharfer Spaten her, mit dem der Wurzelballen ausgegraben wird. Praktisch ist eine alte Decke, die als Tragetuch zum neuen Standort dient. Den Ballen ins Pflanzloch setzen, zusammen mit einem Stützpfahl. Das Loch mit Erde, die mit etwas Kompost gemischt ist, wieder auffüllen, festtreten, einen Gießring formen und in den nächsten Wochen regelmäßig gießen. Den Baum mit einer Hanf- oder elastischen Schnur am Stützpfahl festbinden, mit einer Achterschlinge, die Abstand garantiert.

Sammeln und vermehren

Wer sie nicht vorzeitig abgeschnitten hat, kann jetzt viele reife Samen von einjährigen Sommerblumen sammeln und trocknen. Die getrockneten Samen werden am besten in Butterbrottüten oder Marmeladengläser gefüllt, beschriftet und kühl und trocken bis zur Aussaat im Frühjahr aufbewahrt.
Die Samen des kurzlebigen Eisenkrauts Verbena bonariensis und Verbena rigida kommen ohne Zwischenlagerung direkt ins Beet. Sie sind Kaltkeimer und sollten noch vor dem Winter ausgesät werden, weil sie einen Kältereiz benötigen, um sich im Frühjahr zu entwickeln. Einjähriger Mohn, Jungfer im Grünen Nigella, Cosmea oder Ringel-

blume Calendula brauchen diese tiefen Temperaturen nicht unbedingt. Sie wachsen aber früher und kräftiger, wenn sie vor dem Winter ausgesät werden.

Hausputz im Nistkasten

Im Oktober ist die letzte Brut von Meisen, Spatzen und Kleibern aus den Nistkästen ausgeflogen. Dafür haben sich Vogelflöhe, Milben und Zecken hier eingerichtet. Deshalb ist es gut, die Kästen jetzt zu säubern. Dann können sich hier Wintergäste wie Hummelköniginnen oder bei sehr niedrigen Temperaturen frierende Vögel unbeschadet niederlassen. Wer sich mit Handschuhen und kleinem Besen zum Hausputz bewaffnet hat, sollte trotzdem anklopfen, bevor er den Nistkasten öffnet: Manchmal gibt es Zwischenmieter wie Wald- und Haselmäuse oder Siebenschläfer.

Auch der Gartenteich verlangt Aufmerksamkeit. Wenn er nicht mit einem Laubnetz abgedeckt ist, sollte er jetzt regelmäßig mit einem Kescher abgefischt werden, damit die Blätter nicht auf den Teichgrund sinken und dort zu Faulschlamm werden. Die Uferbepflanzung des Teichs besser erst im Frühjahr zurückschneiden. Sie verhindert, dass noch mehr Blätter ins Wasser wehen, und sie dient vielen Insekten, Kröten und Fröschen als Winterschutz.

In der Erde ...

Der Oktober ist ein schöner Gartenmonat. Er leuchtet in allen Farben, und wenn er uns wehmütig macht, sei an den Gartenliebhaber Karel Čapek erinnert. Er fand, der Oktober ist ein genauso guter Monat wie der April. „Grabt doch ein wenig in der Erde, und ihr werdet pralle Triebe, zarte Keime und begehrliche Wurzeln vorfinden – da hilft nun mal nichts: der Frühling ist da." Wie tröstlich, und wie wahr. Auch wenn wir es an den besonders trüben Tagen nicht recht glauben wollen.

OBSTBÄUME AM STRASSENRAND

Wer durch die Herbstlandschaft fährt, wandert oder radelt, der sieht an vielen kleinen Straßen Obstbäume, die reichlich tragen oder unter sich einen Teppich aus Früchten ausgebreitet haben. Nicht jeder hat einen Obstbaum im eigenen Garten, und viele fragen sich, wer diese Früchte ernten darf.

Obstbäume am Straßenrand gibt es schon seit den Zeiten Napoleons zu Beginn des 19. Jahrhunderts. Für seine Truppen veranlasste er, dass Bäume als Schattenspender und Nahrungsquelle entlang seiner Heereswege gepflanzt werden.

Wem gehört nun das Obst am Straßenrand? Ein Baum oder Strauch ist nie herrenlos, er gehört dem Besitzer des Grundstücks, auf dem er wächst. Steht ein Baum am Straßenrand, gehört er in der Regel der Gemeinde, dem Kreis, dem Land oder dem Bund.

Entscheidend für eine legale Ernte ist das Einverständnis des Eigentümers. Sonst kann man sich wegen Diebstahls strafbar machen. Da die Tat nur auf Antrag verfolgt wird, gilt der bekannte Spruch „Wo kein Kläger, da kein Richter". Wer beim Pflücken oder Sammeln aber wirklich sichergehen will, kontaktiert den Eigentümer. Steht der Baum auf einer öffentlichen Fläche, kann bei der Stadt oder der Gemeinde ein Einverständnis eingeholt werden. Sind Flächen umzäunt, dürfen sie nicht betreten werden.

Übrigens sind Obstbäume an Straßen und Wegen in ganz Deutschland im Internet unter www.mundraub.org zu finden. Trotzdem das Nachfragen nicht vergessen!

Notizen und Termine im

Oktober

1

2

3

4

5

6

7

8

9

10

11

12

13

14

15

16

17

18

19

20

21

22

23

24

25

26

27

28

29

30

31

„Im Herbst steht
in den Gärten
die Stille, für die wir
keine Zeit haben."

Victor Auburtin (1870–1928)

Der Garten im November

Bis in den November hinein leuchten die spätblühenden Stauden und Fuchsien, die Dahlien und einjährigen Sommerblumen in dem Garten, der noch nicht „aufgeräumt" wurde. Dann macht sich eine gewisse Lässigkeit bei der Gartenarbeit bezahlt. Kommt aber über Nacht der erste Frost und vielleicht dazu der erste Schnee, sieht der Garten aus wie nach einer Schlacht: Der hohe Kerzen-Knöterich Polygonum amplexicaule ist in die Knie gegangen und hat die Herbst-Astern mit sich zu Boden gezogen. Laub und Stängel von Kapuzinerkresse und Dahlien sind matschig geworden. Die Fetthenne bemüht sich noch tapfer, ihre Blütendolden aufrecht zu halten, aber den nächsten Frost überstehen auch ihre Blätter und Stängel nicht. Das leuchtende Laub der Funkien liegt auf dem Boden und ist ebenfalls ziemlich glibberig. Jetzt kann der Gärtner Abhilfe schaffen und die Beete winterfest machen. Ein Häcksler ist dabei oft nützlich.

Bodenständiges

Eigentlich ist das eine sehr befriedigende Arbeit. Die Spuren des Frostangriffs werden beseitigt, es wird geschnitten. Zum Beispiel Phlox und Knöterich, Beifuß, Rittersporn und Eisenhut und was sonst noch so unansehnlich geworden ist. Auch die Stauden-Pfingstrosen werden abgeschnitten. Am verwelkten Laub dieser Staude überwintert gern Grauschimmel Botrytis; der Pilz stoppt die Knospenentwicklung im Frühjahr und lässt sie eintrocknen. Nach dem Schnitt sollte die Schere mit Spiritus desinfiziert werden. Ist das geschafft, kommt ein Beet zum Vorschein, verheißungsvolle Erde, die den Novembergärtner vom Frühjahr träumen lässt. Aber so weit ist es noch nicht.

Es empfiehlt sich für den Gärtner, im November einen Tag frei zu halten – Beet für Beet abzuschneiden, was nötig ist, zugleich das Unkraut zu jäten und die Blumenzwiebeln zu setzen, für die bisher noch kein Platz zu sehen war. Die harten Pflanzenteile von Stauden werden am besten gleich durchgeschreddert, ehe der nächste Regen kommt, das Schnittgut nass wird und die Arbeit erheblich erschwert. Falls es doch zwischendurch zu Verstopfungen durch Blätter kommt, werden trockenes Holz, Zweige oder Äste durch die Maschine geschickt. So reinigt sie sich in den meisten Fällen wieder selbst.

Zum Schluss wird das frische Schreddergut auf die Fläche gestreut; je gröber es ist, umso dicker kann die Schicht sein. Das schützt vor Frost und Nährstoffverlust. Das Beet ist nun fertig, und der Gärtner streicht mit den Augen zufrieden und liebevoll diese winterliche Bettdecke glatt, bevor es dämmert und eine Tasse heißer Tee angesagt ist.

Ausnahmen bestätigen die Regel

Was jetzt nicht geschnitten wird, sind Gräser und die Pflanzen, die hohle Stiele haben. Diese Pflanzen werden notfalls geköpft und die Stiele umgeknickt, damit sich das Wasser nicht in den hohlen Stängeln sammeln kann. Außerdem sollte die Schere alle festen Stiele mit Samenkapseln oder Samenständen verschonen, die aufrecht stehen und den Beeten Struktur geben. Besonders wenn es Raureif und Schnee gibt, werden sie zu Hinguckern im winterlichen Garten.

Wer zu all dem überhaupt keine Lust hat, muss gar nichts machen. Der kann im späten Winter in den Beeten das abräumen, was das neue Wachstum behindert. Auch das hat seinen Reiz, und die auf der Erde liegenden Pflanzenteile schützen den Boden. Allerdings verträgt sich diese Arbeitsweise schlecht mit einer Vorliebe für Tulpen, Narzissen & Co. Das Abräumen ist eine handfeste Arbeit in groben Gartenschuhen, und die ersten Spitzen sind unter dem alten Laub kaum zu sehen. Die Triebe der Frühblüher werden leicht zertreten, der Verlust ist erheblich. Beete, in denen Blumenzwiebeln auf den Frühling warten, werden besser jetzt abgeräumt.

Immer noch Laub

Inzwischen sind die meisten Blätter von den Bäumen gefallen, nur der Apfelbaum und die Quitte trennen sich noch nicht. Das Laub nimmt den Pflanzen, die unter ihm wachsen, das Licht. Manchen Pflanzen macht das nichts aus. Schattenstauden und schattenverträgliche Bodendecker sind von ihrem Naturstandort her an eine Blätterdecke gewöhnt, sie sind Laubschlucker und im Frühjahr sind kaum noch Reste zu finden. Anders ist es auf dem Rasen. Hier wird das Laub besser abgeräumt – besonders die harten Blätter – und bei Bedarf unter den Bäumen und Hecken verteilt. Wird es mit ein paar Zweigen oder Strauchschnitt fixiert, lässt der Wind es auch an Ort und Stelle. Wer sehr viel Laub hat, sei erinnert, dass es gut kompostierbar ist. Jetzt im Herbst wird der Kompost noch einmal umgesetzt und es entsteht Platz für Neues. Die Blätter werden – gemischt mit Staudenschnitt und Schreddergut, fertigem Kompost und Hornspänen – in den Behälter gefüllt. Die Mischung ist nötig, damit das Laub nicht zusammenpappt und schimmelt. Außerdem werden so Stickstoff und Mikroorganismen zugeführt, die im Laub nicht enthalten sind. Harte Blätter, die schwer verrotten, können vor dem Kompostieren geschreddert werden. Wer sehr viel Herbstlaub hat, kann sich helfen, indem er aus Kaninchendraht und Holzpfählen Behälter baut und es dort hineinfüllt. So fliegt beim nächsten Sturm nicht wieder alles durch den Garten. In den Behältern sackt das Laub schnell zusammen, und es kann nach und nach in den Kompostbehälter gefüllt oder im Frühjahr als Mulch auf die Beete gebracht werden. Sind sie leer, werden die Drahtbehälter zusammengerollt bis zum nächsten Herbst aufbewahrt. Im Übrigen bieten Laubhaufen Unterschlupf

„Garten heißt nicht nur Frühjahrsblühen und Sommerpracht, sondern heißt vor allem: die tägliche Ankunft des Unvermuteten."

Jürgen Dahl (1929–2001)

„Es knospt unter den Blättern.
Das nennen sie Herbst."

Hilde Domin (1909–2006)

für Kleintiere. Auch Kübelpflanzen kann man gut damit schützen: Drahtgestelle mit reichlich Spielraum um den Kübel stellen und Laub in den Zwischenraum füllen, das schützt.

Winterfest

Ob Laubmantel oder Filzmatte: Kübelpflanzen brauchen Frostschutz. Bevor sie eingewickelt werden, wollen sie auf kleine Füße gestellt werden, damit das Wasser gut abfließen kann. Das können ebenso edle Löwenköpfe aus Ton sein wie Holzlatten oder Klinkersteine. Tontöpfe sind vor allem deshalb frostgefährdet, weil Wasser in ihre Wände eindringen kann und sie sprengt, wenn es friert.
Alle Kübelpflanzen, die nicht winterhart sind, müssen bei Frost ins Winterquartier. Schmucklilien, Wandelröschen und Oleander gehören dazu, Zitrusfrüchte und Lorbeer. Unsere Winter sind oft sehr mild. Da ist es ganz ideal, die Töpfe auf Rollbretter zu stellen und sie erst dann ins Winterquartier zu rollen, wenn der Wetterbericht starke Fröste meldet. Das Ergebnis sind prächtige Pflanzen, die das Winterlicht genießen und Temperaturen bis minus drei Grad Celsius gut vertragen.
Auch Dahlien mögen keinen Frost. Das Laub wird abgeschnitten und die Knolle aus der Erde geholt. Im Winter brauchen sie einen dunklen und kühlen Ort, um im nächsten Jahr wieder durchstarten zu können.

Die Erde wird von den Knollen etwas abgeschüttelt, beschädigte oder faulige Knollen werden entfernt. Dahlienfreaks haben Kästen, in die die Knollen in Sägespäne gebettet werden. Es reicht aber auch eine Tüte aus starkem Papier. Sie hat den Vorteil, dass sie beschriftet werden kann: Im Frühjahr weiß man dann besser, was hier wachsen wird. Auch Plastiktüten eignen sich, sie müssen nur breit aufgekrempelt werden, damit die Knollen nicht faulen.

Novemberideen

Im November ist die richtige Zeit, sich vom alten, halb abgestorbenen Apfelbaum zu trennen oder von der windwurfgefährdeten Hängebirke. Es lohnt sich, vor dem Fällen zu überlegen, ob ein Stammstück stehen bleiben kann. Solche Baum-Relikte eignen sich gut zum Bepflanzen mit einer Clematis oder Rose, als Ständer für das Futterhäuschen oder als Unterlage für eine Topfsammlung. Das wirkt sehr dekorativ, und das hat nicht jeder.
Der November ist überhaupt ideal, Ideen für den Garten zu speichern, die Anzeichen für den kommenden Frühling in Augenschein zu nehmen und sich zu freuen, dass es demnächst weitergeht. Jetzt werden die leeren Tontöpfe auf den Zaun gestülpt und die kleinen roten Äpfel auf dem Futterhäuschen befestigt. Ein Blick in den Garten sollte sich immer lohnen, besonders an diesen verwunschenen Nachmittagen, verhangen und mit schwindendem Licht, das die Konturen weich zeichnet. Wenn er nicht gerade besonders unangenehm ist, hat der November durchaus zärtliche Züge.

WAS NOCH ZU TUN IST

- Bevor es richtig kalt wird, muss einiges im Garten gerettet und vor Frost geschützt werden. Tontöpfe werden entleert, gesäubert und umgedreht, Dekorationen aus Ton oder Glas gesäubert und ins Gartenhäuschen geholt – und wer das mag, deckt die Gartenmöbel ab.

- Wer Wasser im Garten hat und es mit Pumpen betreibt, der birgt jetzt die Teichpumpen. Pumpen, die tiefer als 80 Zentimeter im Wasser liegen, können an Ort und Stelle bleiben; die anderen werden ins Trockene geholt, gereinigt, getrocknet und frostfrei aufbewahrt.

- An den Regentonnen werden die Hähne geöffnet, damit das Wasser ablaufen und das Eis sie nicht sprengen kann. Die immergrünen Pflanzen im Garten freuen sich über die Extraportion Wasser. Wer Regentonnen hat, die konisch nach oben weiter werden, braucht gar nichts zu machen. Hier kann sich das Eis nach oben herausschieben.

- Das Laub auf dem Dach des Gewächshauses wird noch einmal entfernt. Wenn das nasse Laub gefriert, können sich gefährliche Eisplatten bilden. Für Moosbewuchs gilt das Gleiche. Für die spätere Anzucht ist es gut, die Glasflächen des Gewächshauses zu putzen, damit ausreichend Licht ins Innere gelangen kann. Außerdem beugt das Fensterputzen dem Pilz- und Schädlingsbefall im Gewächshaus vor.

Notizen und Termine im
November

1

2

3

4

5

6

7

8

9

10

11

12

13

14

15

16

17

18

19

20

21

22

23

24

25

26

27

28

29

30

„Ein Garten ist ein großartiger Lehrer. Er lehrt uns Geduld und umsichtige Wachsamkeit; er lehrt uns Fleiß und Sparsamkeit; und vor allem lehrt er vollkommenes Vertrauen."

Gertrude Jekyll (1843–1932)

Der Garten im Dezember

Im Dezember sind alle beschäftigt. Plätzchen und Stollen, Adventskränze und Geschenke, Weihnachtsschmuck und Festessen – es gibt viel zu tun. Im Garten wird das Futterhäuschen aufgestellt und der Feuerkorb noch einmal bestückt und angezündet. Dick eingemummelt versammeln sich Familie und Freunde drum herum und genießen Glühwein. Bis es zu kalt wird und alle ins Haus flüchten.
Für Gartenfreunde hat der Dezember viele Facetten. Die ersten Frosteinbrüche zwingen zur Pause, unvollendete Arbeiten im Beet müssen erst einmal ruhen. Das ist eine gute Zeit, sich um die Weihnachtsvorbereitungen zu kümmern. Denn meist halten Frost und Schnee nicht an und werden von milden, frühlingshaften Temperaturen abgelöst. Dann kann das in Angriff genommen werden, was der Frost aus der Hand genommen hat.

Barbarazweige

Zunächst ist da der Tag der heiligen Barbara am 4. Dezember. Das ist das Datum, an dem nach altem Brauch knospige Blütenzweige von Kirsche, Apfel oder Pflaume, Forsythie oder Zier-Johannisbeere geschnitten werden, damit sie pünktlich zu Weihnachten blühen. Dafür brauchen Barbarazweige einen Kältereiz. Ist es bis Anfang Dezember mild und frostfrei, legt man die geschnittenen Zweige über Nacht in den Gefrierschrank, wo sie die nötigen tiefen Temperaturen

„*Wenn du ein Gärtchen hast und eine Bibliothek, so wird dir nichts fehlen.*" Marcus Tullius Cicero (106–43 v. Chr.)

bekommen. Am nächsten Tag werden die Zweige schräg angeschnitten und in eine Vase mit frischem Wasser in den Wohnraum gestellt. Wenn alles klappt und die Raumluft nicht zu trocken ist, öffnen sich die Blüten pünktlich zu Weihnachten zwischen Tannengrün.

Futterplätze für Vögel

Wenn es nicht schon aufgestellt ist, kommt jetzt das Futterhäuschen an eine Stelle im Garten, die durch das Fenster gut zu beobachten ist. Wer Vögel füttert, sollte das regelmäßig den ganzen Winter hindurch tun. Da ist es auch gut, wenn der Futterplatz ohne große Umstände erreichbar ist. Wichtig ist, dass das Futter im Häuschen trocken bleibt. Beim Kauf von Vogelfuttermischungen unbedingt auf den Hinweis achten, dass in der Mischung keine Ambrosiasamen oder Hühner-Hirse enthalten sind. Diese Samen werden zu lästigen, sich ausbreitenden Pflanzen, wenn sie ins Beet fallen.

Winterarbeiten im Garten

Wer vorhat, im nächsten Jahr ein neues Blumenbeet auf schwerem, lehmigem Boden anzulegen, der kann die Erde jetzt umgraben und bis zum Frühjahr liegen lassen. Der Frost zieht in die großen Stücke und zerbricht sie. Im Frühjahr reicht es dann, mit dem Grubber durch das Beet zu gehen. Bei normaler oder eher sandiger Gartenerde genügt es, den Boden mit dem Grubber zu lockern.

Das Gemüsebeet ist größtenteils abgeerntet, aber durchaus noch nicht leer. Das Sinnbild für Wintergemüse sind die palmartigen Grünkohlpflanzen im Schnee. Dazu kommt der Rosenkohl, der sich unter der Last seiner Früchte biegt. Winterporree und Winterheckzwiebeln stehen auch noch und bringen strenge Formen ins Beet. Feldsalat und Spinat bedecken den Boden. Winterwirsing, Wintersalate und Pastinaken können sogar auf eine Ernte nach dem ersten Frost warten, und auch das Laub des Berglauchs Allium senescens lässt sich den ganzen Winter hindurch verwenden. Wo kein Wintergemüse steht, wird der

Boden gelockert und mit Schredder oder dem anfallenden Laub des geernteten Gemüses bedeckt. So kann er bis zum Frühjahr warten.
Ein Kräutertipp: Einen Ballen Schnittlauch ausgraben und eintopfen. Bei etwa 18 Grad Celsius wächst das Kraut auf dem Fensterbrett und garantiert den Winter hindurch frischen Schnittlauch.
Wenn der Kompost frostfrei ist, kann er ab jetzt auf die Beete gestreut werden. Nicht vergessen, dass Kompost wie jeder Dünger in Maßen eingesetzt werden will. Fünf Liter Kompost auf einen Quadratmeter Boden ist eine grobe Faustregel, eher weniger ist angebracht. Und wenn es jetzt nicht klappt: Diese Arbeit kann auch gut in den nächsten Monaten erledigt werden.
Der Winter eignet sich dafür, Spaliere und Klettergerüste zu inspizieren und auszubessern oder eine To-do-Liste für die kommenden Monate zu schreiben. Vergessenes Werkzeug wird eingesammelt und gesäubert, Gießkannen werden umgedreht, damit der Frost ihnen nicht den Garaus macht.

Immergrüne Winterfreude

Der Dezember ist der Monat, in dem immergrüne Zweige von Tanne oder Fichte, Eibe oder Kiefer im Haus ihren großen Auftritt haben. Vom Adventskranz über den Weihnachtsstrauß bis zum Weihnachtsbaum – wir lieben es, unser Haus damit zu schmücken. Wenn sie im Garten wachsen, sind immergrüne Gewächse Schmuck und Hoffnungsträger und mildern melancholische Garten-Endzeit-Stimmungen.
Nun ist eine gute Zeit, die Pflanzung von immergrünen Gewächsen für das Frühjahr zu planen, falls sie fehlen – der Garten ist übersichtlich und zeigt die besten Plätze. Kiefern, Tannen, Scheinzypressen und Lebensbäume werden groß, sie brauchen viel Platz und Wasser. Immergrüne Sträucher wie Rhododendren, Kamelien und die Lorbeerrosen Kalmia zeigen nicht nur grünes Laub im Winter, sondern im Frühjahr oder Sommer auch eine üppige Blütenpracht. Die Büsche von Berberitze, Cotoneaster und Feuerdorn werden dagegen im Winter von Laub und leuchtenden Beeren geschmückt.

Stauden mit Blattschmuck

Es gibt auch eine Reihe von Blütenstauden, die im Herbst und Winter mit schönem Blattschmuck aufwarten. Zu den zuverlässigsten gehören Bodendecker wie die Golderdbeere Waldsteinia ternata oder Woll-Ziest Stachys byzantina. Auch Bergenien und Sorten von Wolfsmilchgewächsen geben dem winterlichen Beet Form und Farbe. Die zarten Elfenblumen Epimedium bilden im Winter nicht nur einen grünen Teppich, einige Sorten wie 'Sulphureum', 'Frohnleiten' oder 'Orangekönigin' verfärben sich dazu nach den ersten Frösten rötlich. Auch Purpurglöckchen Heuchera, Nelkenwurz Geum und einige Storchschnabel-Arten beleben das winterliche Bild. Alle diese Pflanzen stellen keine großen Ansprüche an den Boden und sind mit Halbschatten zufrieden.
Ein Gartenhöhepunkt im Dezember ist die Christrose Helleborus niger. Die klaren, weißen Blüten sind ein lebendiges Weihnachtssymbol im Garten und ein Glück für jeden Gärtner. Christrosen mögen kalkhaltigen, etwas lehmigen Boden. Sie stehen gern halbschattig und windgeschützt unter Büschen und Bäumen.

Weihnachtswetter

Weihnachten im Schnee – das ist der allseits verbreitete Traum, der zum großen Fest des Jahres gehört. Weiß überpuderte Äste und Sträucher, eine dicke weiße Decke auf Beeten, Gräsern und Samenständen, zugefrorene Teiche – diese Szenerie lieben wir. Wer hat es nicht schon gehört: Früher gab es zu Weihnachten immer Schnee; Schlitten und Schlittschuhe unterm Weihnachtsbaum konnten gleich ausprobiert werden. Die statistische Realität ist, wie so oft, eine andere. In unseren Breiten herrscht in sieben von zehn Jahren Weihnachtstauwetter mit eher milden Frühlingstemperaturen vor, so die Meteorologen. Nehmen wir also das Weihnachtswetter so, wie es ist. Es könnte ja sein, dass in diesem Jahr die Wetterlage unsere Träume erfüllt. Bei aller Begeisterung nicht vergessen, den Gehweg vor der Haustür zu fegen!

„Wer der Garten-
leidenschaft verfiel, ist
noch nie geheilt worden.“
Karl Foerster (1874–1970)

SAATGUT AUS DEM GARTEN

Wer im Herbst Samen von besonderen Stauden oder Einjährigen gesammelt hat, kann sie zu Weihnachten verschenken. Tüten werden aus schönem Papier selbst geklebt oder gefaltet, ein Etikett mit deutschem und botanischem Namen beschriftet, dazu Wuchshöhe, Blütenfarbe und -zeit sowie Standortbedingungen vermerkt. Drum herum ein Bändchen – und fertig ist ein persönliches Weihnachtsgeschenk aus dem Garten. Auch Blumenmischungen aus Ringelblume und Mutterkraut, Jungfer im Grünen und Verbenen sind möglich.

Die Zeit zwischen Weihnachten und Silvester eignet sich zum Aufräumen und zum Sichten der Sämereien, die übrig geblieben sind aus dem letzten Jahr.

Wer nicht sicher ist, ob die Samen noch keimfähig sind, gibt einige von ihnen in eine flache Schale auf angefeuchtetes Küchenpapier, die mit einer Glasplatte oder Frischhaltefolie abgedeckt wird. Keimt mehr als die Hälfte, kann das Saatgut problemlos verwendet werden. Faustregel: Samen von Kräutern und Sommerblumen sind zwei bis drei Jahre gut keimfähig, Gemüsesamen drei bis vier Jahre.

Notizen und Termine im
Dezember

1
2
3
4
5
6
7
8
9
10
11
12
13
14
15
16
17
18
19
20
21
22
23
24
25
26
27
28
29
30
31

TIPPS IM ...

Impressum

Herausgeber: Redaktion Landlust,
Hülsebrockstraße 2–8, 48165 Münster,
Tel.: 02501/801-6112, Fax.: 02501/801-6119,
Internet: www.landlust.de,
E-Mail: Redaktion@landlust.de

Chefredakteurin: Ute Frieling-Huchzermeyer

Text: Renate Tegtmeyer
Beratung: Dr. Christa Huchzermeyer

Fotos: Marion Nickig (41), Flora Press (32), GAP (15), Friedrich Strauß (7), Grüne Kamera (2), Mauritius Images (2), Heinz Duttmann (1), Thomas Tegtmeyer (1)

Titelfotos: Marion Nickig (2), Flora Press (1), Mauritius Images (1)

Layout: Heike Gütting, Frank Hegemann

Verlag: LV Publikumsmedien GmbH & Co. KG,
Hülsebrockstraße 2–8, 48165 Münster

Druck: Westermann Druck Zwickau GmbH

1. Auflage 2018

ISBN 978-3-7843-5590-0